스마트 그리드 통신

SmartGrid Communications

김진영 | 신요안 | 신오순 | 이원철 지음

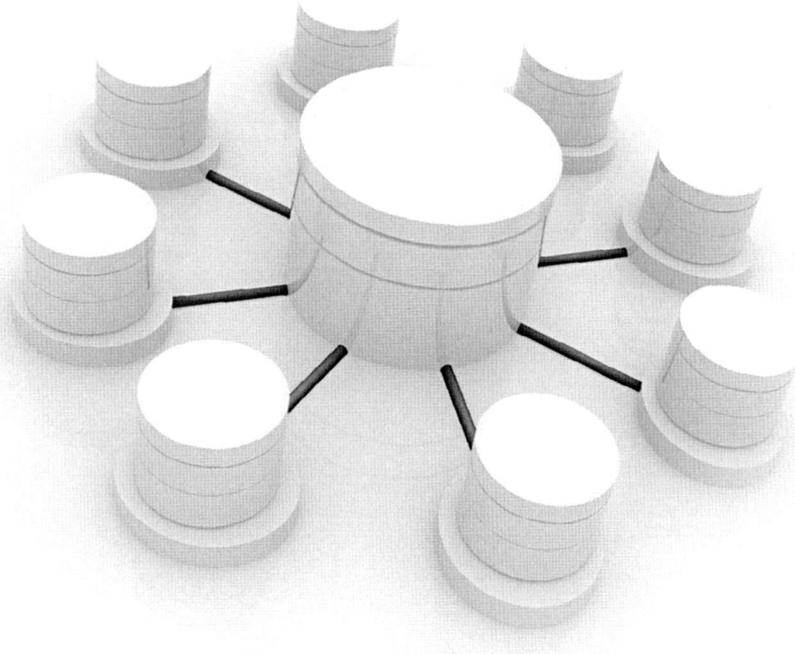

홍릉과학출판사

머리말

“에너지 효율의 최대화, 세계적인 에너지 관리 시스템으로 진화할 수 있는 기술 스마트그리드” 이것은 미국의 경제주간지 비즈니스 2.0이 지구 온난화로 인한 기상이변 및 환경오염으로부터 인류를 구할 8가지 기술을 소개 하는 데에서 나온 말로서 이들 8개의 기술 중에 하나로 스마트그리드가 선정되었다. 인류의 산업화는 에너지 소비 증가에 따른 에너지 확보에 어려움을 겪게 하였으며 지구 온난화의 주범인 CO2의 과다한 배출을 가져왔다. 이러한 에너지 확보의 위기와 지구온난화라는 중대한 문제를 해결할 수 있는 에너지 절약형 전력망이 스마트그리드다. 스마트그리드는 에너지 효율 향상에 의해 에너지 낭비를 절감하고 신재생에너지에 바탕을 둔 분산전원의 활성화를 통해 에너지 해외 의존도 감소 및 기존의 발전설비에 들어가는 화석연료 사용 절감을 통한 온실 가스 감소 효과를 불러오며, 환경과의 조화를 통한 지속적인 경제발전시스템 역할을 할 수 있을 것이다. 또한 스마트그리드는 전력뿐만 아니라 가전 · 통신 · 건설 · 자동차 · 에너지 등 다양한 산업분야에 걸쳐 폭넓게 적용되는 미래 산업융합을 위한 대표적인 신성장동력으로서, 에너지의 가치를 높이고 미래 에너지 위기를 극복할 수 있는 창조적 융합의 궁극적 솔루션이다. 본 내용은 이러한 스마트그리드를 전력 공급 시스템과 동시에 에너지 효율적 관리를 위한 정보 전달 시스템으로 바라보며 이것에 기초하여 기본 개념 및 원리부터 현 시점에서 개발되고 있는 요소 기술 및 차세대에서 응용될 수 있는 응용기술 및 응용 서비스까지 스마트그리드에 대한 전반적인 내용을 다룬다. 이를테면, 스마트그리드 구현을 위한 핵심기기 스마트계량기(AMI), 전기자동차 충전인프라, 에너지 저장시스템(ESS) 그리고 정보통신 기술을 응용하여 효율적으로 전력 소비량을 감축하는 지능형 수요관리 프로그램 등 다양한 스마트그리드 서비스 단말 종류 및 특성 그리고 제원에 대해 설명하고 이러한 스마트그리드를 관리하기 위한 에너지 사용 정보 관리 시스템, 그리고 이를 위한 유무선 통신 프로토콜에 대해 설명한다. 본 내용을 공부하는 독자로 하여금 스마트그리드에 대한 이해도가 한층 높아지길 바라며 머리말을 마친다.

차 례

01 스마트그리드 개요

02 스마트그리드 및 에너지 IT 응용

03 스마트그리드 유선통신 시스템

04 스마트그리드 무선통신 시스템

05 스마트그리드의 프로토콜

01 스마트그리드 개요

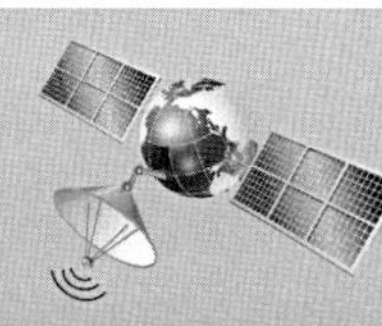

최근 에너지 자원의 소비절약과 환경보호의 중요성이 높아지면서 대량소비를 근간으로 하는 경제성장 패턴이 저소비, 친환경적 소비 패턴을 근간으로 하는 경제성장으로의 패러다임 전환이 이루어지고 있다. 이에 따라 ICT(Information & Communication Technology) 기술을 활용해 전력이용을 효율화하는 스마트그리드의 개념이 전력업계로부터 시작되어 빌딩과 주택을 포함한 주거공간까지 확장되고 있다. 여기서 '스마트그리드'란 현재 구축된 전력망에 정보 · 통신기술(ICT)을 융합한 개념으로서, 사업자와 수요자간 전기에너지 공급 기능뿐만 아니라 양방향으로 에너지 소비 정보 및 다양한 정보를 송수신하는 기능을 추가하여 최종적으로 에너지 사용효율을 최적화할 수 있는 차세대 전력 제어 시스템을 말한다.

스마트그리드 사업은 우리나라뿐만 아니라 세계 곳곳에서 전력 제어 산업으로 전력망을 스마트하게 구성하여 스마트그리드를 구현하는데 초점을 맞추어 개발중에 있다. 즉, 현재 구축되어 있는 전력망(Grid)에 첨단 ICT기술(Smart)를 융합하여 좀 더 똑똑한 정보통신기술 융합 전력망(SmartGrid)를 만들고, 사용중인 에너지를 생산부터 소비까지 효율적으로 운영하도록 하는 것이 스마트그리드의 기본 개념이다.

세계에게 가장 적극적 친환경정책을 펼치고 있는 캘리포니아주 정부 뿐만 아니라 세계 각국에서 이러한 스마트그리드 개념을 구현하고자 하는 또 다른 이유는, 스마트그리드가 신성장동력 창출 효과, 전기에너지의 효율적 사용을 통한 화석연료 고갈에 대한 대응책, 이산화탄소 과대 배출 대응책, 새로운 비즈니스 모델 창조, 관련 분야 고용 효과, IT기술 관련 산업 창출, 운송업 관련 산업 창출, 건설, 가전분야 등 다양한 산업에 긍적적 파급효과를 일으켜 국가 전체에 경제적, 기술적 자원의 선순환 구조를 만들 수 있기 때문이다. 그리고 스마트그리드 구현 효과는 소비자들이 효율적으로 전기 에너지를 사용함으로서 여름 혹서기 등 전기에너지를 집중적으로 과다하게 사용하는 상황에서 발생하는 지역적 정전 또는 대규모 블랙아웃 현상에 대한 해결책으로 볼 수 있으며, 전기에너지를 효율적으로 사용함에 따라 전기에너지 사용료 자체를 절감할 수 있을 뿐만 아니라 전력 발전소로부터 불필요한 전기를 생산하지 않게 함으로서 국가 경쟁력 또한 향상되는 효과가 있다고 볼 수 있다.

1.1 스마트그리드 등장 배경 및 개념

스마트그리드는 기존의 전력망에 정보 · 통신기술(ICT, Information & Communication Technology)을 융합하여, 전기 에너지 공급자와 소비자간 양방향으로 에너지 공급과 사용에 관한 정보를 교환할 수 있도록 함으로써 에너지 효율을 최대화하는 지능형 전력망을 의미한다. 그런데 차세대 지능형 전력망인 스마트그리드를 구현하기 위해서는 첨단 정보통신기술을 바탕으로 한 다양한 분야에서 기반이 갖춰져야 한다.

첫 번째로 전력망 지능화와 지능형 운송 시스템이 필요하다. 사업자와 소비자가 양방향으로 실시간 전력소비정보를 공유(전력망지능화)하며, 전력망과 전기자동차간 양방향으로 자유롭게 접속하는 시스템(지능형운송)이 필요하다. 또한 기존 전력망에 안정적으로 연계 · 운용할 수 있는 신재생발전원 인프라를 구축해야(지능형신재생에너지, Smart Renewable)하며, 다양한 전기요금제도를 개발할 수 있으며 소비자 전력거래 시스템을 새롭게 구축하여 전력망 사용 효율을 증대시켜야 한다. 또한, 첨단 전력망을 구축하여 해킹 및 사이버 공격을 미리 차단하거나, 즉각적으로 대응가능한 보안 시스템이 필요하다. 인재 양성부분에서도 첨단 시스템인 스마트그리드를 항상 최상의 상태로 운영하기 위해 각 산학연에서 힘써야 한다.

스마트그리드 구현의 필요성이 사실적으로 부각된 사례가 최근 다수 발생하였다. 2003년 8월 14일 미국, 캐나다 동부에 대규모 정전 사태가 발생하였는데, 이것으로 인해 교통과 항공기 운항, 상업 활동 등이 정지되면서 이 기간 무려 60억 달러(약 6조 6천억 원)의 피해가 발생했다. 초고압 송전선로와 부러진 나무와 근처 구조물에 접촉하면서 누전이 발생해 발전기와 송전선로에 고장이 발생하여 주변의 뉴욕, 디트로이트, 토론토 등으로 정전사태가 확산된 것이다. 유래가 없었던 대정전으로 인해 미국을 비롯한 선진국들이 전력망의 전력 공급에 대한 안정성 확보와 체계적 장비 및 시스템에 더불어 스마트그리드 구현에도 관심을 기울이게 된 계기가 되었다. 최근 우리나라에서도 여름철에 에어컨 등 냉방기에 대한 수요 급증으로 매년 고질적 전력난이 일어나면서, 스마트그리드에 대한 관심이 높아졌다. 국내에서는 2011년 9월 전력부족으로 인한 블랙아웃을 해결하기 위해 지역적 순환단전 구조를 만들어 실시하고, 2012년에는 원전 가동 중지로 인한 전력 부족으로 전 국민적 전력 절약 운동이 활성화되고 있다.

앞에서 언급한 모든 것들이 스마트그리드 구현에 있어 필수 조건에 해당되며, 향후 위와 같은 필수 조건들이 충족되어 스마트그리드가 현실화되면 전기에너지 생산자와 소비자간에 실시간으로 전력사용정보를 교환할 수 있게 되어 합리적이고 효율적인 에너지 소비를 유도할 수 있으며, 뿐만 아니라 고품질의 에너지와 다양한 부가서비스를 제공할 수 있다. 또한, 스마트그리드는 청정 녹색기술인 신재생에너지, 전기자동차, 에너지저장장치 등 친환경적 확장이 용이한 개방형 시스템이기 때문에, 이러한 특성을 활용하여 산업간 융 · 복합을 통해 새로운 비즈니스 창출을 꾀할 수 있다.

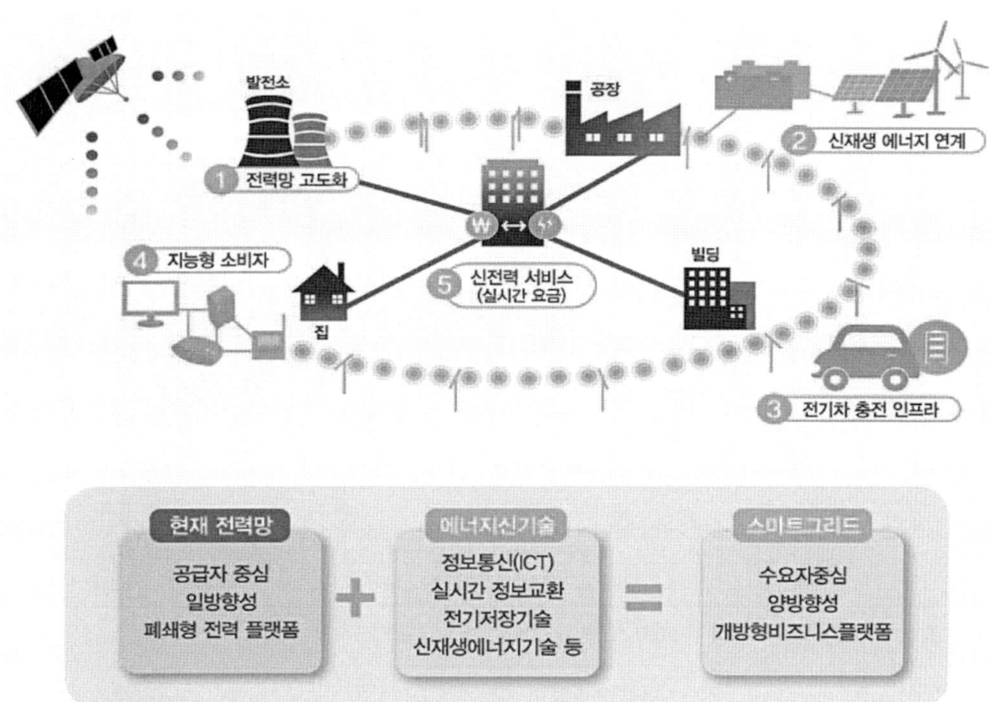

[그림 1.1] 스마트그리드 개념도
출처 : 제주테크노파크(2010), Smart Grid Test Project Guide

1.2 기존 전력송신망과의 차이 및 특징

기존의 전력망은 스마트한 운영이 불가능한 구조를 가지고 있다. 이는 현재 전력망과 스마트그리드가 갖고 있는 구조적 특성을 비교해 보면 쉽게 알 수 있으며, 이를 통해 스마트그리드 시스템에 대해 이해도 또한 높일 수 있다.

현재의 전력망은 발전→송·배전→판매의 순서를 가지고 있는데, 이는 전력 발전소에서 전기를 생산하면, 소비자가 전기를 필요할 때마다 받아서 쓰는 일방적 구조이다. 발전소에서 생산된 전기는 인근 변전소까지 송전선로를 통하여 수송되고, 이 변전소에서는 배전선로를 통하여 집주변의 변압기로 보내게 된다. 이후 이 변압기는 220볼트(V)로 낮추어 최종적으로 각 가정에 공급하게 되고 냉장고, 세탁기, TV 등 가전제품에 우리는 전력을 전달할 수 있게 된다. 그런데 이 과정에서 발생하는 문제점은, 소비자들에게 현재 공급되고 있는 전기에 대한 정보가 전혀 공유되지 않는 점이다. 이러한 소통의 문제는 소비자들로 하여금 비효율적인 전기에너지 사용을 야기할 수 있으며, 이에 대한 통제도 불가능하다.

[표 1.1] 기존 전력망과 스마트그리드의 차이점

구분	기존 전력망	스마트그리드
통신	단방향, 비실시간	양방향, 실시간
소비자와 소통	제한된 범위	다양한 범위
미터링	전자기계적 미터링	디지털 미터링, 실시간 요금제 가능
운전	수동감시 정기적 유지보수	자동감시 상태 기반 유지보수
발전	집중식	집중식 + 분산전원
전력 제어	제한적	자동, 광범위
신뢰도	신뢰도 낮음 사고파급 수동대비	신뢰도 높음 사고 한정 또는 자동 치유 자동대비
복구	수동	자가 복구
시스템 토폴로지	수지상 정해진 방향 전력흐름	네트워크 다양한 전력흐름

출처: 지식경제부(2010), 스마트그리드국가로드맵

[그림 1.2] 스마트그리드와 신재생 에너지
출처: 지식경제부(2009), 한국의 스마트그리드 정책 추진방향

이와 같은 전기에너지 소비 상황 통제 불가능 문제로 인하여 현재 전력망에서는 전력사용량이 가장 많은 피크시간을 기준하여 전기를 생산, 공급하고 있다. 따라서 전기를 많이 사용하지 않는 다른 시간대에 생산된 전기는 모두 버려지게 되고 반대로 전기 사용량이 급증하여 전기가 부족한 경우에는 정부나 전력회사들이 대처할 수 있는 방안은 단지 소비자들에게 전기 사용을 자제하여 줄 것을 요구하는 방법밖에는 없다. 이러한 상황은 소비자의 의지에만 의존할 수밖에 없는 구조인 셈인데, 전혀 스마트하지 않은 구조라고 볼 수 있다. 이에 대조적으로 스마트그리드는 양방향 통신이 가능한 구조를 가지고 있고, 공급되는 전기에 대해 요금 및 예비율 등 첨단계량인프라(AMI)를 통하여 모든 정보들이 제공됨에 따라 소비자들이 시간대별 자동화 된 전기

를 소비할 수 있다. 반대로 전기공급자는 소비자들의 시간대별 전력수요량을 정확히 파악하여 효율적으로 에너지를 관리할 수 있다.

전기 사용량이 급증하여 공급량이 부족하게 될 경우, 지능형 전력망을 통해 소비자들에게 전기요금을 실시간으로 조정하여 패널티를 받게 하여 전체 전기 에너지 소비량을 통제하여 정전현상을 사전에 대비할 수 있게 하고, 전기요금이 낮은 시간대에 대체하여 사용하도록 장려하여 전기요금을 하락시켜 소비자들에게 이득을 줄 수 있다. 여기서 더 나아가 스마트그리드는 소비자들에게 전기요금정보를 시간대별로 알려주어 여분의 전기를 에너지저장장치, 전기자동차 등에 저장해 두었다가, 전기요금이 비쌀 때 사용하는 것을 가능하게 한다. 이러한 과정들이 축적되면, 전기에너지 사용량의 평준화를 이룰 수 있게 되고, 불필요한 전기 생산을 줄임으로써 최종적으로는 국가 전체의 경쟁력을 높이게 되는 것이다. 이와 더불어 스마트그리드에서는 정보뿐만 아니라 전력도 양방향으로 흐르도록 설계할 수 있어서 수요 예측을 통하여 나온 전력량을 기준으로 소비자간 양방향으로 전력을 주고받을 수 있는 효율적 전력 분배 시스템 구축이 가능하다. 스마트그리드 시스템에서는 전기자동차, 에너지저장장치, 태양광 · 풍력발전기 등 신재생에너지원으로부터 저장되어 있거나 생산된 전력을 전력망 운영자에게 팔 수 있게 된다. 이러한 양방향 전력 흐름을 위하여 스마트그리드에서는 전기자동차 및 충전 인프라, 소규모 신재생에너지 발전설비 등이 설치되며, 소비자가 전력을 거래할 수 있는 전력거래 시스템 등도 개발되어 가동되게 된다. 그리고 기존 전력망과 스마트그리드의 또 다른 차이점은 전원 공급 방식에서 찾을 수 있다.

1.3 스마트그리드의 필요성

1.3.1 국가 경쟁력 향상

최근에는 스마트그리드에 대한 움직임이 빠르게 진행되고 있다. 박근혜 정부는 '전국적 스마트그리드 기반 조기구축'을 국정과제로 채택하였으며 산업통상자원부가 스마트그리드 인프라 조기구축과 2014년부터 거점지구 구축을 추진하겠다고 밝혔다. 각 산업간의 융합(IT와 에너지, 통신)을 통한 시너지를 도출해 낸다는 창조경제의 의미와 가장 부합하는 스마트그리드가 신정부의 에너지정책의 핵심 사업으로 자리잡을 것이라는 판단이다. 또한 지금 세계 각국에서는 고용 시장 창출을 위한 정책 마련에 고심하고 있다. 이미 산업 구조 자체가 기술발전의 고도화를 비롯한 기계화, 자동화 등으로 인해 고용 창출 효과를 낼 수 없는 수준으로 전환되었기 때문이다. 결국, 고용 창출을 유발할 수 있는 새로운 산업을 찾아야 하는데, 다분야로 시장 형성이 가능한 스마트그리드 사업을 통해 정보통신기술분야에 대규모 일거리 창출이 가능하다.

우리나라 역시 당면한 글로벌 경제 위기를 극복하고, 더 많은 고부가가치의 일자리 창출을 위하여 에너지 효율 증대 산업 및 신재생에너지 등 녹색 산업을 중심으로 한 녹색 뉴딜 정책(Green New Deal)을 추진하고 있다. 세계 각국은 스마트그리드 구축 및 국제 주도권 선점을 위하여 경쟁적으로 기술개발에 나서고 있으며, 이미 총성 없는 전쟁에 돌입한 상태라고 볼 수 있다. 이러한 반응은 스마트그리드가 그만큼 성장 가능성이 매우 높다는 것을 의미하다. 2008년 국제에너지기구(IEA)는 'World Energy Outlook 2008'을 통해 2007~ 2030년간 전 세계 전력 분야 투자비용은 1경 5,000조 원에 달한다고 발표하였다. 이는 발전 시장과 송 · 배전 시장이 각각 절반씩 차지한다. 또한, 2011년 IEA가 2031년까지 전 세계 전력산업 시장 규모가 약 2경원 수준으로 성장할 것으로 전망하였다. 또한 시장조사 · 컨설팅 기관인 Zpryme이 전망한 자료에 따르면 전 세계 스마트그리드 시장의 경우 2009년 약 76조 2,000억원 규모에서 2014년에는 188조 5,000억원 수준으로 성장할 것으로 발표하였고, 같은 기간 미국의 스마트그리드 시장과 관련하여서는 23조 5,000억원 규모에서 47조원으로 연평균 약 14.9% 성장할 것으로 전망하였다. 이밖에도 Pike Research는 2015년 스마트그리드 시장규모가 2,100억 달러 수준에 달할 것으로 전망하고 지역별로는 2008~2015년 사이에 아시아가 가장 큰 비중을 차지할 것으로 예상하고 있다. 세계 각국은 스마트그리드가 반도체와 IT 산업의 뒤를 잇는 신성장동력이라는 점에 대해서는 이견이 없다. 스마트그리드는 전력 및 중전기기 산업은 물론, 통신 · 가전 · 건설 · 에너지 · 자동차 등 산업 전반에 걸쳐 큰 파급효과를 기대할 수 있는 대표적인 융 · 복합 산업이다. 우리나라의 경우 스마트그리드 국가로드맵에 따르면 스마트그리드 설비에 대한 투자는 2012년부터 2030년까지 약 30조 원에 달할 것으로 전망되는데, 그에 따른 일자리는 연평균 약 5만 개 정도가 창출될 것으로 기대된다.

[표 1.2] 스마트그리드 시장 규모

구분	내용
전력시장	• 2030년까지 누적시장규모: 1경 5,000조원 - 발전시장규모: 7,500조원 - 송 · 배전시장규모: 7,500조원
스마트그리드시장	• 미국시장: (2009년) 23조 5,000억원→(2014년) 47조원 • 세계시장: (2009년) 76조 2,000억원→(2014년) 188조 5,000억원

출처: IEA(2009), World Energy Outlook 2008, Zpryme Research & Consulting(2009)

1.3.2 친환경 기술

유엔 정부간기후변화위원회(IPCC)는 기후변화보고서를 통해 지구 온난화의 문제를 인류의 활동에 의한 것으로 규정짓고 인류의 가장 큰 위협이라 발표했다. 이러한 지구 온난화의 심각성에 대응하기 위해 화석연료를 이용한 발전 대신에 수소 에너지, 태양 에너지 발전 등 여러 가지 기술이 대안으로 제시되고 있다. 그 가운데 현실적인 대안 중 하나로 스마트그리드(SmartGrid)가 제시되었으며, 스마트그리드 기술은 온실 가스 배출을 줄이며 에너지 절약을 할 수 있고 인류의 지속 가능한 경제 발전을 도울 수 있다. 또한 뛰어난 IT와 전력산업에 대한 노하우를 지닌 우리나라는 스마트그리드 구현에 있어서 선진 기술을 다수 개발하여야 할 것이다.

현재 지구의 환경은 석탄, 석유 등 화석연료를 무차별적으로 사용하면서 이산화탄소 등 다량의 온실가스를 배출하여 극심한 몸살을 앓게 되었다. 이러한 지구 온난화 현상으로 인하여 빙하가 녹으면서 해수면을 상승시켰고, 또 홍수, 가뭄, 폭설, 폭서, 한파 등 다양한 이상기후현상을 불러일으켰다. 이에 국제 사회는 이러한 재앙을 막기 위해 20세기 중후반부터 1988년 UN 총회결의에 따라 세계기상기구와 유엔환경계획에 '기후변화에 관한 정부간 패널'을 설치하고 이후 1992년 6월 유엔환경개발회의에서 기후변화협약을 채택하였는데, 구속력이 없어 그다지 효과를 보지 못하였다. 이에 온실가스 배출의 역사적 책임이 있는 선진국 38개국을 대상으로 제1차 공약기간인 2008~2012년 동안 1990년도 배출량 대비평균 5.2% 감축을 규정하는 '교토의정서(Kyoto Protocol)'를 제3차 당사국총회에서 채택하여 2005년 2월 16일 공식 발효시켰다. 그리고 2009년에는 에너지와 기후에 관한 주요 경제국포럼의 17개 협력국 정상들이 기후변화로 인하여 대두되고 있는 위험에 대한 적극적 대응의 일환으로서 저탄소 경제로 이동하자는 데 뜻을 같이 하였다. 이러한 21세기 초반의 환경과 경제에 대한 일련의 행동들은 '녹색혁명(Code Green)'으로 일컬어진다. 즉, 과거에는 경제성장이라는 한 마리 토끼만 쫓았다면, 앞으로는 '환경'과 '경제성장'이라는 두 마리 토끼를 함께 잡겠다는 의미이다.

우리나라도 국제사회의 움직임과 관련하여 다양한 정책들을 내놓았다. 우선 2008년 에너지 저소비 · 저탄소 사회로의 이행을 위하여 국가에너지효율을 46% 개선하고 에너지 사용을 대폭 절감하겠다는 내용을 주요 골자로 하는 국가에너지 기본 계획을 발표하였으며, 2009년에는 녹색성장위원회에서 2020년까지 국가온실가스 감축목표를 배출전망치(BAU) 기준 30%까지 감축하기로 결정하였다.

이처럼 21세기 들어서면서부터 우리나라를 비롯한 세계 각국은 온실가스 배출을 줄일 수 있는 방안을 찾는데 총력을 기울이게 되었는데, 그 방안 중 가장 관심을 갖고 주력하는 분야가 전력분야이다. 왜냐하면, 전세계 이산화탄소 배출량의 약 24%가 발전 산업에서 발생하고 있기 때문이다.

우리나라 역시 2013년 초온실가스 종합정보 센터에 따르면 2010년 온실가스 총배출량은 6억 6,900만톤(CO_2 환산기준)이었고, 전력거래소에 따르면 2011년 전력부분의 온실가스 배출량은 전년 대비 소폭 증가한 2억 2,000만톤이었다. 즉, 우리나라에서 발생하는 온실가스 중 1/3 정도가 전력 부분에서 발생하고 있다는 것인데, 발전 등 에너지 분야에서 온실가스를 줄이는 방법에는 온실가스 배출을 막을 수 있는 기기를 설치하거나, 화석연료를 이용하는 발전을 줄이고 신재생에너지 등 친환경에너지의 사용을 늘리는 방법 밖에는 없다.

[표 1.3] 우리나라 연도별 온실가스 총배출량 추세

구분	2006	2007	2008	2009	2010
총배출량(백만톤)	575.4	590.3	604.1	609.1	668.8
전년대비배출량증가율(%)	1.2	2.6	2.3	0.8	9.8
GDP 증가율(%)	5.2	5.1	2.3	0.3	6.3

출처: 온실가스종합정보센터(2013)

즉, 스마트그리드가 전기의 합리적인 사용을 유도함으로써 '부하의 평준화'를 이루고 석탄, 석유, 가스 등 화석연료를 사용하여 생산하는 전기의 양을 줄이는 가장 유력한 대안으로 떠오른 것이다. 특히, 스마트그리드는 화력발전을 대체할 수 있는 가장 확실한 대안인 신재생에너지를 자유롭고 안전하게 전력망에 연계시킬 수 있는 유일한 대안이며, 전기자동차 보급 등 온실가스 저감을 위한 친환경 교통수단의 확대보급을 위해서도 필수적인 시스템이다.

1.3.3 에너지 소비 효율 증대

스마트그리드시스템의 핵심 요소 중 하나인 분산 발전 도입도 국내에서는 화력, 원자력발전의 비중이 99%에 달하는 등 신재생에너지 활용률이 떨어진다는 문제에 직면하고 있다. 에너지 소비 효율을 증대하기 위한 가장 효과적인 방법은 불필요한 에너지 사용을 줄이는 것이다. 인간의 소비습성 때문에 전기사용량을 줄이는 데는 한계가 따르지만 이미 가정에서는 냉장고, TV, 세탁기 등 각종 가전제품의 용량이 대형화되었고, 예전에는 몇 대 없던 에어컨도 지금은 보편화되었으며 과학기술의 발전으로 과거에는 없던 가전제품들이 지속적으로 쏟아지며 각 가정에서 전기를 이용하여 가동되고 있다.

2012년 한전에서 발표한 우리나라의 가구당 월평균 전기사용량 추이를 살펴보면, 1998년에는 163kWh에 불과하였으나 2011년에는 240kWh로 증가하였다. 월평균 전기사용량이 300kWh를 초과하는 가구의 수도 1998년 5.8%에서 2011년에는 33.2%로 6배 남짓 증가하였다. 우리나라의 경우 산업화가 많이 진행되었고, 반도체 · IT 등 고부가가치 산업이 더욱 성장할 것으로 보이기에 전기에너지에 대한 의존도도 매우 높을 것으로 추정되고 있다. 이와 관련, 2013년 초정부가 확정 · 발표한 제6차 전력수급기본계획에서는 우리나라의 연간전력수요량은 2013년 4,854억kW에서 2027년에는 7,710억kWh에 달할 것으로 전망되었다. 2011년초 WWF (World Wide Fund for Nature, 세계자연보호기금)가 발간한 'The Energy Report: 100% Renewable by 2050'에 따르면, 세계 전체에서 사용하는 전기에너지, 산업용 열에너지, 건물용열에너지, 수송에너지 중에서 전기에너지가 차지하는 비중은 2010년 기준으로 18%에 달하였다. 또한 당시 기준으로 70억명의 인구의 20% 정도인 14억명 정도가 아직 전기를 사용하지 못하고 있는 상태로 봤을 때, 이러한 전기 미사용 인구들이 향후 경제성장을 통하여 지속적으로 전기소비를 늘려간다고 가정하면 2030년에는 전기에너지의 비중이 27%, 2050년에는 49%

로 증가할 것으로 예상된다는 것이다. 이를 종합적으로 정리해보면, 전기사용량은 매년 증가하고 있는데 반하여 대량의 전기를 생산하여 내고 있는 화력발전소는 줄여 나가야하는 매우 어려운 문제를 풀어내야 한다는 결론에 이르게 된다.

결국 쓸데없이 버려지는 전기에너지를 보살피고 합리적으로 에너지를 생산하여 소비하게 하는 전략적 구조가 필요하다. 에너지 효율 향상 방법을 다각도로 연구해야 한다. 현재 우리나라는 2008년 발표된 국가에너지 기본계획에 따라 연평균 2.6%의 에너지 효율 개선을 통하여 2030년까지 2005년 대비 46.7%의 에너지 효율을 향상시켜나간다는 계획이 있다. 따라서 국내에서 스마트그리드 기술의 성공적인 도입을 위해서는 신중한 검토를 통해 장기적인 계획을 수립해야 할 필요가 있다. 투자비용과 기대수익을 면밀하게 고려하는 경제성 분석과 함께 정부와 한전 주도의 전력 공급 시스템이 효율적으로 작동하고 있는 우리나라 현실에 맞는 스마트그리드 구축 전략이 수립되어야 할 것이다. 그리고 이러한 목표달성을 위하여 '에너지 절약형 국가 인프라 구축' '에너지이용 효율시스템 혁신' '효율투자 활성화를 위한 시장구조확립' '에너지 절약 및 온실가스 저감사회 문화조성' 등 국가적 목표에 중점을 두고 추진해야 한다.

또한 고품질의 에너지 및 다양한 부가서비스의 제공을 통하여 에너지 이용효율을 향상시키는 전략도 필요하다.

[표 1.4] 우리나라 전력소비량 및 최대전력 예측결과

구분	전력소비량(GWh)	최대전력	
		하계	동계
2013	485,428	78,998	80,374
2014	505,315	81,657	82,309
2015	526,356	83,532	84,658
2016	547,794	86,919	86,499
2017	569,141	91,031	89,694
2018	590,257	94,694	92,699
2019	610,823	98,621	96,243
2020	630,964	102,205	100,809
2021	651,845	105,852	104,714
2022	672,544	109,476	108,528
2023	693,056	113,065	111,913
2024	713,310	116,602	114,442
2025	733,060	120,078	116,982
2026	752,364	123,450	119,345
2027	771,007	126,740	121,684

출처: 산업통상자원부(2013), 제6차 전력수급기본계획

1.4 지능형전력망 기본계획 확정 · 시행

다음은 지식경제부 관계부처 협의와 녹색성장위원 회의 심의를 거쳐 '제1차 지능형전력망 기본계획'을 2012년 6월 4일 수립하고, 7월 18일 공식 발표한 내용이다. 제1차 기본계획은 2012년부터 2016년까지 5년간 우리나라에서 진행될 모든 스마트그리드 정책을 총괄적으로 제시하는 것으로, '스마트그리드의 지침서'라 할 수 있다.

그동안 우리나라의 스마트그리드 정책은 스마트그리드 국가로드맵 수립, 지능 형전력망법 제정 · 시행, 제주 스마트그리드 실증단지 사업 추진 등 제도적 기반 마련 및 기술 검증에 중점을 두고 추진되어 왔다. 하지만 제1차 기본계획은 향후 시장을 어떻게 창출하여 나아갈지에 초점을 맞춘 실행 지침으로서, 스마트그리드 초기 시장 창출을 위한 인프라 보급 확산, 7 대 거점도시 광역경제권별 구축, 지능형서비스사업자 육성 등을 좀 더 구체화하여 또 시장에서 요구하는 정책들을 포괄적으로 담고 있다.

즉, 본격적으로 스마트그리드 실현을 위한 구체적 계획을 수립하고 실행하겠다는 계획이 제1차 기본계획의 핵심 취지이며 다음과 같은 세 가지 항목을 시사하고 있다. '지능형전력망에 대한 대규모 투자는 세계적인 현상', '우리나라는 주요국 대비 실증사업 및 보급사업 부족', '글로벌 경쟁력을 갖추기 위한 전략적인 투자 필요'.

제1차 기본계획 목표는 '7대 광역권별 스마트그리드 거점도시 구축'이 최종 목표이며 전략적 목표는 지능형서비스로서 수요자원 120만KW 확보, 지능형소비자를 위한 스마트미터 보급률 50% 달성, 지능형 운송시스템을 위한 충전인프라 150,000기 보급, 지능형신재생에너지 생산비율 4.3% 달성, 지능형송배전시스템 개발을 통한 신뢰도 10% 향상이다. 위와 같은 전략 목표는 또 다음 네 가지 순서를 통하여 구현한다.

첫 번째로 국가적 '제도개선'을 통한 진입장벽 제거를 목표로, '요금제도', '수요관리', '전력시장', 동반성장' 등 다방면으로 실시된다. 요금제도의 경우에는 원가기반 및 소비자선택권을 보장하는 요금제 강화를 통해 시간대별, 소비자별 차등적으로 요금을 부과하는 방식의 개선이 이루어져야 하고, 수요관리가 의미하는 바는 신규 수요자원 발굴 및 수요관리사업자 육성 등 신재생 에너지를 발굴하고 또 대응하는 분야에 관리사업자를 육성하여 통한 소비자들의 수요에 대응하는 취지이다. 전력시장과 동반성장은 전력시장의 단계적 개방을 통한 진입장벽 해소 및 중소기업과 이종기업의 참여를 제도적으로 확대하여 정보통신분야 뿐만 아니라 환경, 재난안전분야 등 다방면의 기업이 적극 참여하여 제도적으로 지능형 전력망 구현 사업에 참여토록 할 방침이다.

두 번째로 '시장창출' 순서를 통해 스마트 계량기, 전기차 충전기, 에너지저장장치 등 대표적인 3가지 단말 개발 및 보급을 목표로 한다. 시장창출은 국내 및 해외 공동 실증사업을 추진하고 국내는 광역경제권별 7개 거점도시를 중심으로 예비타당성 조사, 추진계획을 마련한다.

세 번째로 기술개발 전략 및 체계정립 단계를 거치고 최종적으로 글로벌 경쟁력을 갖출 수 있는 산업의 진흥을 위한 기반조성의 단계로 이루어지는데, 기술개발에 관해서는 기술개발→실증→사업화→기술개발로 이어지는 선순환 구조 정착 및 공급 중심의 기술개발을 보완하는 수요관리 기술개발 강화, 기반조성의 관해서는 표준, 보안, 인력양성, 산업진흥, 국제협력의 맥락에서 이루어진다.

[표 1.5] 우리나라핵심기기 보급 계획

구분	2011	2012	2013	2014	2015
스마트계량기(만호)*	55	105	305	530	755
충전인프라(기)**	491	3,155	5,700	32,015	71,828
에너지저장장치(만kWh)**	-	0.1	1.1	4.3	10

* 한전 보급 스마트계량기 기준
** 13년 이후 연도별 목표는 예산부처와의 협의에 따라 변경 가능
출처: 지식경제부 공고 제2012-365호, 제1차 지능형전력망 기본계획, 2012

목표 | 7대 광역권별 스마트그리드 거점도시 구축

전략목표
- ▶ [지능형서비스] 수요자원 120만KW 확보
- ▶ [지능형소비자] 스마트미터 보급률 50% 달성
- ▶ [지능형 운송] 충전인프라 150,000기 보급
- ▶ [지능형신재생] 신재생 4.3% 달성
- ▶ [지능형송배전] 신뢰도 10% 향상

1. 제도개선	2. 시장창출	3. 기술개발	4. 기반조성
① 요금제도 ② 수요관리 ③ 전력산업구조 ④ 동반성장	① 국내실증 ② 해외실증 ③ 핵심기기 보급 ④ 거점도시	① 기술개발 체계 ② 기술개발 전략 ③ 기술개발 계획	① 표준 및 보안 ② 인력양성 ③ 국제협력 ④ 산업진흥 ⑤ 소비자 참여

[그림 1.3] 2012 지식경제부 발표 지능형전력망 구축 계획 '제1차 기본계획 목표(2012~2016)
출처 : 지식경제부 공고 제2012-365호, 제1차 지능형전력망 기본계획, 2012

02 스마트그리드 및 에너지 IT 응용

2.1 스마트그리드의 기본 추진 현황 및 활용

스마트그리드가 활용될 수 있는 분야와 기대되는 효과로는 지능형 발전을 통한 전력망의 안정성 및 효율성 향상, 신재생에너지 이용의 활성화, 분산발전과 전력저장장치의 활성화, 새로운 솔루션 및 애플리케이션의 등장과 관련 산업의 발전이 있다. 가장 주된 효과로는 전력망의 안전성과 효율성 향상이 기대되는데, 실시간으로 정보 전달이 가능한 양방향 통신 시스템과 전력 관리 시스템을 통해 발전, 배전, 송전으로 이어지는 과정이 보다 원활하고 효율적으로 진행될 수 있다. 또한 피크 수요 감소와 고른 수요 관리를 통해 수요와 공급의 불일치를 최소화함으로써 에너지 효율성을 증대시킬 것으로 기대된다.

스마트그리드 핵심 기기에 대한 보급 사업 정책은 스마트그리드와 관련한 초기 시장을 창출하여 나가는 데 목적이 있다. 즉, 이는 요소요소에 스마트그리드 관련 핵심 기기들을 보급하여 스마트그리드가 미리 운영될 수 있도록 함으로써, 스마트그리드에 대한 국민들의 관심을 이끌어내고, 또 기업들이 관련 시장에 대한 가능성을 확인할 수 있도록 하여 투자를 유도해 내겠다는 뜻이다.

무엇보다 스마트그리드는 거대한 시스템이기는 하지만, 전체를 눈으로 보고 확인할 수 있는 분야가 아니다. 또한, 기간산업인 전력산업에 손을 대는 것이기 때문에 일반 기업이나 개개인이 섣불리 접근할 수 있는 분야도 아니다. 따라서 초기 시장을 창출해 내는 데에는 반드시 한계가 따르기 마련인데, 바로 그 한계를 극복하여 스마트그리드 시장이 활성화될 수 있는 발판을 마련하여 주는 것이 정부의 역할인 것이다. 그리고 정부는 2012년도 그 역할을 다하기 위하여 스마트그리드 핵심 기기를 보급하는 사업을 본격화하기로 하였다.

반면 스마트그리드의 조기 성장동력화 및 세계 시장 선점을 위하여서는 가정용 스마트계량기(AMI) · 전기자동차 충전기 · 에너지저장시스템(ESS) 등에 대한 보급을 확산하고, 스마트 기기의 전략적 구매를 촉진하는 등 초기 시장 창출에 가용 역량을 집중할 필요가 있는 것으로 평가되었다. 실시간으로 전력사용량과 가격 등 전력 관련 정보를 전달하는 스마트미터 시장은 향후 가장 빠르게 성장할 것으로 전망된다. 스마트미터의 보급과 함께 전력피크 시 전력 사용 감소를 유도하는 수요반응(Demand Response; DR) 기술은 스마트그리드의 핵심 활용 분야

중 하나로 꼽힌다. DR 기술을 통해 전력 거래시장에서 형성된 전력 가격이 실시간으로 소비자에게 전달되며, 전력수요가 급증하면 가격이 상승해 소비자가 전력 사용을 줄이는 효과가 기대된다.

정부는 2012년도에는 스마트그리드 초기 시장 창출을 위하여 AMI, 전기자동차 충전기, ESS 보급 사업을 본격화하여 초기 시장을 창출하고, 지능형 서비스 산업을 활성화하여 나가는 데 집중하기로 하였다.

스마트그리드로의 전력공급 시스템 전환은 통신, 소프트웨어, 가전, 반도체, 건설, 운송에 이르기까지 제반 관련 산업에 큰 영향을 미칠 것으로 전망된다. 전력망과 정보를 주고받는 스마트미터기, 스마트 가전제품 및 태양력 발전장치, 전기저장장치의 보급이 확대될 것으로 예측되며, 야간 전력을 이용하는 전기 자동차의 충전 인프라 구축 또한 스마트그리드를 통해 실현될 수 있다.

참고로 2012년 말 기준으로 AMI의 경우 한전 고압(100kWh 이상) 고객 17만 호(100%), 저압 고객 62만 5,000호(1,914만 호 중 3.3%), 상가 · 아파트형 공장 5,000여 호(정부지원) 등에 구축된 바 있다. ESS는 구리농수산물시장, 광주 TP 등에 각 500kWh, 1MWh 보급(정부지원) 되었으며, 전기자동차 충전기는 제주 실증단지 207기, 공공부문 1,077기 등 1,284기가 보급된 상태다.

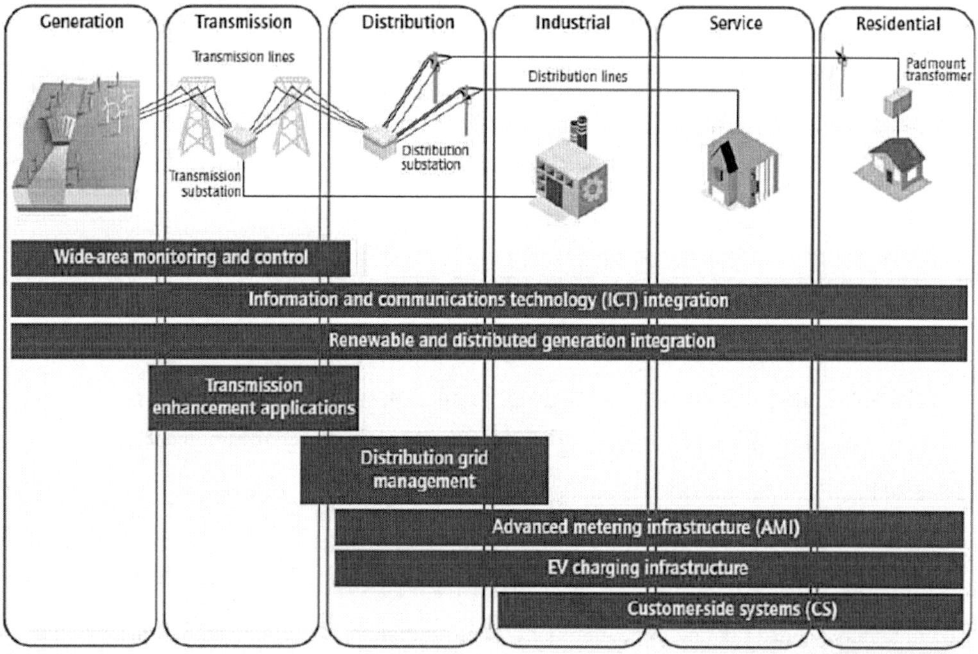

자료: IEA, 2010

[그림 2.1] 스마트그리드의 기술 요소

2.1.1 스마트그리드의 기본 추진 현황 및 활용

스마트그리드의 주요 기술로는 '광역 모니터링 및 제어 기술', '정보통신기술 통합', '재생에너지 및 분산발전 통합', '송전망 고도화', '미터링 인프라 고도화' 등이 있다. 이러한 기술들은 발전(Generation), 송전(Transmission), 배전(Distribution), 업용(Industrial), 서비스용(Service), 주거용(Residential) 전력 공급에 이르기까지 전력 생산과 전달, 소비의 각 단계에서 중요한 역할을 담당한다.

'광역 모니터링 및 제어(Wide-area monitoring and control)'기술은 전력 발전과 송전 시 광범위한 지역에 걸쳐 전력 시스템 성능을 실시간으로 모니터링하고 제어하는 기술이다. 실시간 전력소모량, 전압, 각종 전력량을 측정해 이에 맞춰 전력 생산을 최적화하고, 블랙아웃을 막고 송전 용량과 안정성을 증대시키며 전력회사의 각종 의사결정에 필요한 데이터를 분석하는 역할을 한다.

'정보통신기술 통합(Information and communications technology integration)'기술은 통신 네트워크, 컴퓨팅, 시스템 제어 소프트웨어, 스마트 단말을 활용해 전력망을 효율적으로 운영하고 공급자와 소비자 간에 양방향 정보를 교환함으로써 에너지 사용 효율성을 향상시키는 역할을 한다.

'재생에너지 및 분산발전 통합(Renewable and distributed generation integration)'기술은 재생에너지와 분산발전을 연계하고 제어한다. 분산발전은 중앙집중형 대형 발전소가 아니라 전력이 소비되는 곳에서 전력을 생산하는 방식으로 장거리 송전 시 발생하는 손실을 감소시키고 대규모 정전 피해를 최소화할 수 있게 한다. 분산발전에 주로 이용되는 것이 재생에너지 발전인데, 전력 생산량이 불규칙한 문제를 에너지저장시스템을 통해 극복할 수 있을 것으로 기대된다.

'송전망 고도화(Transmission enhancement applications)' 기술을 통해서는 송전 효율성을 향상시키고 추가 투자 규모를 축소할 수 있다. '미터링 인프라 고도화(Advanced metering infrastructure)' 기술은 전력이 이용되는 곳과 전력회사 사이에 양방향 데이터 통신을 통해 정보를 주고받을 수 있게 한다. 스마트미터를 통해 정보를 교환하고, 고객에게 실시간으로 전력가격과 소비량을 제공함으로써 소비자가 가격에 대응해 전력 소비를 할 수 있도록 한다. 또한 이를 통해 원격으로 전력 고장을 진단하고 유지 보수에 필요한 각종 데이터를 관리할 수도 있다.

'전기 자동차 충전 인프라(Electric vehicle charging infrastructure)' 기술은 가격이 저렴한 시점에 맞춰 전기 자동차 충전 스케줄을 조정하는 스마트 충전과 전기세 청구에 필요한 데이터를 관리한다. '고객측 시스템(Customer-side systems)' 기술은 산업, 서비스, 주거 등 각 분야에서 전기관리시스템, 에너지저장장치, 스마트 가전과 분산발전에 이르기까지 전기 소비를 관리하는 데 이용된다.

2.2 핵심기기 보급

스마트그리드 사업의 핵심은 공 · 수급자 사이의 양방향 정보전달 인프라인 AMI 이다. 스마트그리드는 스마트 미터링을 가능케 하는 AMI, 분산에너지원을 관리하는 EMS(Energy Management System), 소비자가 전력가격에 따른 반응할 수 있게 하는 DR(Demand Response), 재생에너지 및 전기차 등과 관련한 에너지 저장 설비, 배전자동화 시스템 등이 구성요소라 할 수 있다. 이러한 스마트그리드의 구성요소에 있어서 수용가와 전력회사간의 스마트 미터링을 구현하는 AMI가 핵심이다. 스마트 미터링은 단방향 원격검침인 AMR이 진화된 형태로서 수용가와 전력 회사간 전력소비량의 실시간 측정뿐 만 아니라 사용 중인 전력의 품질, 서버와의 통신, 공급자와의 사전계약을 바탕으로 전력 소비량을 자동으로 제어하는 기술 등을 포함한다. AMI는 스마트 미터링을 통하여 실시간 요금제를 제공할 수 있고 사용자에게 수급상황에 따라 변화하는 예상 가격을 하루 전이나 수시간전에 알려줌으로써 사용자로 하여금 능동적인 에너지 조절(DR)을 가능토록 한다. 또한 DR 이외에도 전력회사 측면에서 전력부하를 예상하고 제어 및 정전관리를 가능토록 함으로써 효율적인 부가서비스를 제공할 수 있게 된다. EMS라는 분산형 에너지 관리 기술도 반드시 요구된다. 스마트그리드가 확산될수록 원자력, 화력 등 대규모 발전시스템이 아닌 풍력, 태양열, 수력, 조력 등 다양한 재생에너지를 생산하는 소형 발전기(마이크로그리드) 등이 분산되어 설치된다. 더구나 분산된 발전원들은 기존 발전시스템에 비하여 전력공급의 안정성이나 품질이 떨어질 수 있기 때문에 상시적인 모니터링과 품질유지를 위한 장치가 필요하다. 마지막으로 저장 설비 관련 기술이 중요한 기술이라 할 수 있다. 현재는 양수발전소가 이와 같은 역할을 하고 있지만 전력 저장 기술의 발달은 전력수요의 분산과 대체 발전원의 출력 변동리스크도 줄일 수 있기 때문이다. 또한 전기차의 수요확대와 더불어 전력저장장치는 중요한 구성요소라 할 수 있다.

2.2.1 스마트계량기(AMI)

스마트계량기(AMI ; Advanced Metering Infrastructure)는 오픈 아키텍처(Open Architecture)를 통하여 수요자와 공급자간에 정보의 전달을 가능하게 하는 기술로 소비자의 전력사용 정보 등을 보내주는 스마트미터(Smart Meter)와 스마트미터가 생성한 자료를 전송하는 네트워크 시스템 등으로 구성된다. AMI는 실시간 지불시스템, 과부하 관리 시스템 및 사용자의 전력사용 습관 등 광범위한 전력관련 정보의 데이터베이스 구축 및 활용될 수 있으며, 수요와 공급이 기반이 된 실시간 전력 시장의 기반 기술이다.

스마트미터는 소비자의 실시간 소비량 및 패턴 등의 계량화 및 실시간 가격정보를 전달하는 AMI의 기반 시스템이며 공급자 및 수요자의 정보를 상호 소통하게 해주는 일종의 게이트웨이

(Gateway)로 향후 다양한 사업기회가 파생될 것으로 전망된다. 스마트미터를 이용하면 가정의 세탁기와 난방기는 자동으로 AMI에 접속하여 가격이 일정 밴드에 있을 때에만 작동할 수 있다.

AMI 및 스마트미터 등 네트워크 시스템은 다양한 소비자의 전체 전력 정보를 사용·분석하는 Application Layer와 분석된 정보를 사용자에게 제공하는 Transport Layer로 구성되는데 AMI 기능의 원활한 구현을 위해 소비자와 대형 공급자간 다양한 통신네트워크가 요구되며 아직까지 표준적인 기술은 확립되지 않았다. 또한 이와 같은 기기는 HAN(Home Area Network)로 주로 가정내에서 스마트미터와 같은 게이트웨이와 소형 전력기기를 연결하는 통신망 혹은 통신규약을 따른다. 주로 가정내 이용되는 근거리 통신망으로 전력기기들의 수요반응을 일차적으로 집중·취합하여 스마트미터에 전달 및 연결하고 전기 기기들의 전력사용량 감시·통제·운영을 위한 기반기술이 필요하다. Zigbee 혹은 PLC(Power Line Communication) 등 여러 통신망이 고려 중이며 Google은 가정내에서 스마트미터와는 별도로 이미 Zigbee 및 인터넷을 이용하여 네트워크를 구성하는 등 응용사업 기회를 창출 중에 있다. 스마트그리드 환경하에서 다양한 요금제, 소비자의 선택권 확대 및 새로운 서비스 창출을 위하여서는 기계식 전력량계가 AMI로 교체되어야 한다.

이러한 AMI가 구축되어야만 소비자 입장에서는 에너지 비용 절감 및 에너지 프로슈머(prosumer)로의 혁신적인 변환이 가능하게 되고, 전력공급자는 실시간 전력 데이터에 대한 정보 수집과 분석을 통하여 안정적이고 효율적인 전력망 운영이 가능해진다. 또 양방향 통신의 기본 인프라인 AMI가 구축되어야만 이를 이용한 지능형 수요관리 사업자 등 새로운 서비스 사업자들이 출현할 수 있게 된다.

세계적인 AMI 보급 현황을 살펴보면, 먼저 미국의 경우에는 2003년 발생한 대규모 정전사태를 계기로 스마트미터 도입에 대한 관심이 증가하며 매년 빠르게 증가하는 추세이다. FERC(Federal Energy Regulatory Commission)에 따르면, 미국 스마트미터 보급률은 2006년 0.7%, 2008년 4.7%에 이어 2010년에는 8.7%로 증가하였다. 보급 대수 기준으로 보면 2010년에 약 1,283만 대에 육박하고 있으며, 2013년경에는 5,200만 대에 이를 것으로 예측된다.

유럽은 이탈리아, 스웨덴이 선행하는 가운데 주요국에서 스마트미터 도입을 적극 추진 중에 있다. 특히, 이탈리아는 국영전력회사인 ENEL사를 중심으로 2011년말 거의 모든 가구(3,300 만 호)에 도입을 완료하였고, 스웨덴은 2009년 전 세대(약 500만 호)에 도입을 완료하였다. 이외에도 영국, 프랑스, 독일, 네덜란드 등 대부분의 국가에서 스마트미터 설치를 의무화하여 도입을 확산시키고 있다.

아시아·태평양 지역에서는 호주가 가장 앞서 가는 가운데 중국, 인도, 일본 및 뉴질랜드에서 도입을 적극 추진 중이다. 호주는 2012년까지 전 지역에 스마트미터를 도입하는 계획을 검토 중이며 일부 주에서는 선행적으로 도입한 상황이다. 중국 국가전망공사는 2009년부터 스마트미터 조달 관련 입찰을 실시하였는데, 2009년 280만 대, 2010년 719만 대에 대한 입찰을

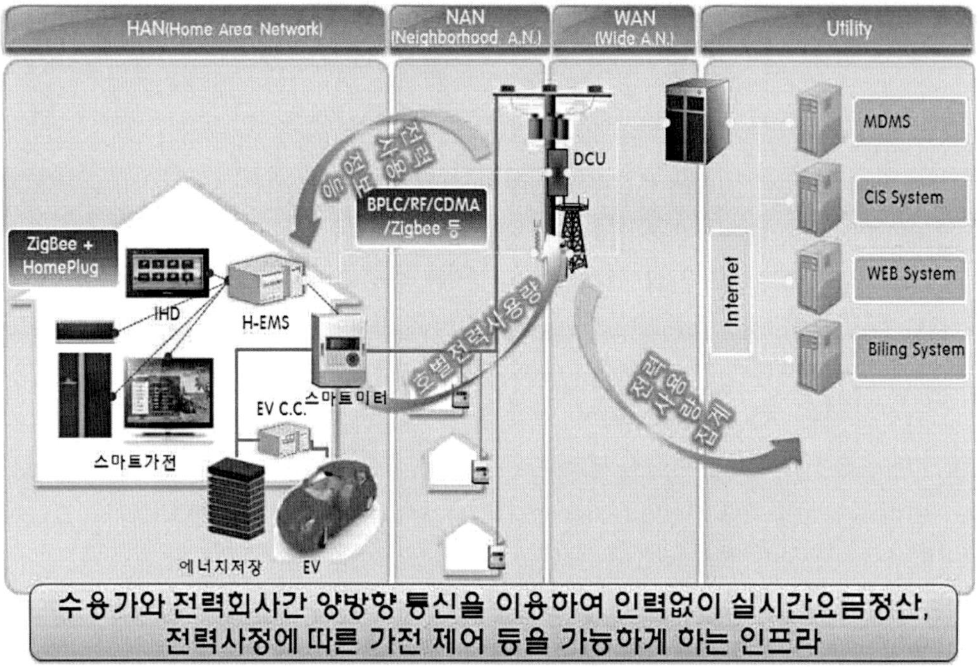

[그림 2.2] AMI(Advanced Metering Infrastructure) 개념도
출처: 지식경제부(2012), 제1차 지능형전력망 기본계획

실시하였으며, 2011~2013년에 걸쳐 약 3,043만 대에 대한 입찰을 실시할 예정이다. 일본은 2015년까지 전체 수용가의 80%를 AMI로 교체한다는 계획이다.

반면, 우리나라의 경우 한전의 고압 고객(100kW 이상) 약 17만 호에 대하여서는 AMI 보급을 완료하였지만, 저압 고객은 약 1,850만 호 중 55만 호(전체의 3.4%)에 대하여서만 AMI가 보급 된 상태이다. 특히, 아파트 고객, 구역전기사업 지역, 집합시설(아파트형 공장, 상가 등)의 개별 고객 등을 대상으로 한 AMI 보급 계획은 부재한 상황이다.

이에 따라 정부는 2016년까지 전국 저압 고객 중 약 55%(1,000만 호)에 대하여 AMI를 단계적으로 보급하고, 2020년까지 전국 모든 가구에 대하여 AMI 보급을 완료하기로 하였다.

한전은 2012년부터 전년도 미보급분을 포함하여 AMI 보급을 추진하기로 하였는데, 서비스 개발과 연계하여 스마트미터 사양을 E-type(경제형, 단방향 계량)에서 G-type(일반형, 양방향 계량)으로 상향하는 방안을 추진하기로 하였다.

[표 2.1] 국내 스마트미터 투자 계획

(단위: 억 원)

1단계(~2012)	2단계(~2020)	3단계(~2030)	계
12,095	89,640	173,473	275,208

출처: 지식경제부(2010), 스마트그리드 국가 로드맵

[표 2.1] AMI 보급계획

연도	2010	2012	2013	2014	2015	2016	…	2020
누계 호수 (만호)	55 (50)	105 (50)	305 (200)	530 (225)	755 (225)	1,000 (245)	…	약 1,800
누계 구축율	3%	6%	17%	29%	42%	55%	…	100%

출처: 지식경제부(2012), 제1차 지능형전력망 기본계획
*( )는 당해 연도 신규 보급물량

2.2.2 전기자동차

전기자동차는 순수하게 배터리의 힘으로 움직여 탄소 배출량이 적고 연료를 덜 소모하는 친환경 자동차이다. 전기자동차 충전인프라는 전기자동차(Electric Vehicle)에 전력을 공급하는데 필요한 기반 시설을 의미하며, 전력공급시스템, 인프라운영시스템, 고객정보시스템, 충전스테이션, 충전기 등으로 구성된다.

일반적으로 가솔린 자동차의 에너지 효율은 20% 안팎이나 전기자동차는 70~80% 수준이며, 본격적인 확산을 위해서는 배터리 관련 기술과 지능화된 충전시스템(Smart Charging) 기술의 향상이 선행되어야 할 것이다. 전기자동차 산업의 활성화를 위해서 전기자동차와 충전인프라 시장을 선점하고 기술적인 경쟁 우위를 차지하기 위해서는 전기자동차 충전인프라의 기술개발과 전국적으로 다수의 인프라 구축이 필수적이라 할 수 있다. 이에 따라 세계 각국은 전기자동차뿐만 아니라 충전인프라 보급을 위하여 다양한 정책들을 마련하고 추진하고 있다.

[표 2.3] 전기자동차 충전기 종류별 특징

구분	주택용충전기	완속충전기	급속충전기
공급전압	단상 220V	단상 220V	삼상 380V
공급용량	~2kW	7.7kW	50kW 이상
충전시간	6~8시간	4~6시간	10~30분
전력공급설비	별도 필요 없음	별도 필요 없음	별도 필요함
사용목적	일반적인 충전	소모량 보충	최소량 보충
요금수준	낮음	보통	매우 높음
사용시간대	귀가 후 주차시(심야)	외부 주차시(주간)	긴급상황(불특정)
충전기 예상가격	100만원 미만	300~500만원	4,000~5,000만원
실제 예상위치	일반가정	병원, 공용주차장 쇼핑센터, 관공서	주유소 고속도로 휴게소

출처: 한국전기연구원(2011), 스마트그리드 예비타당성 조사 사전 연구

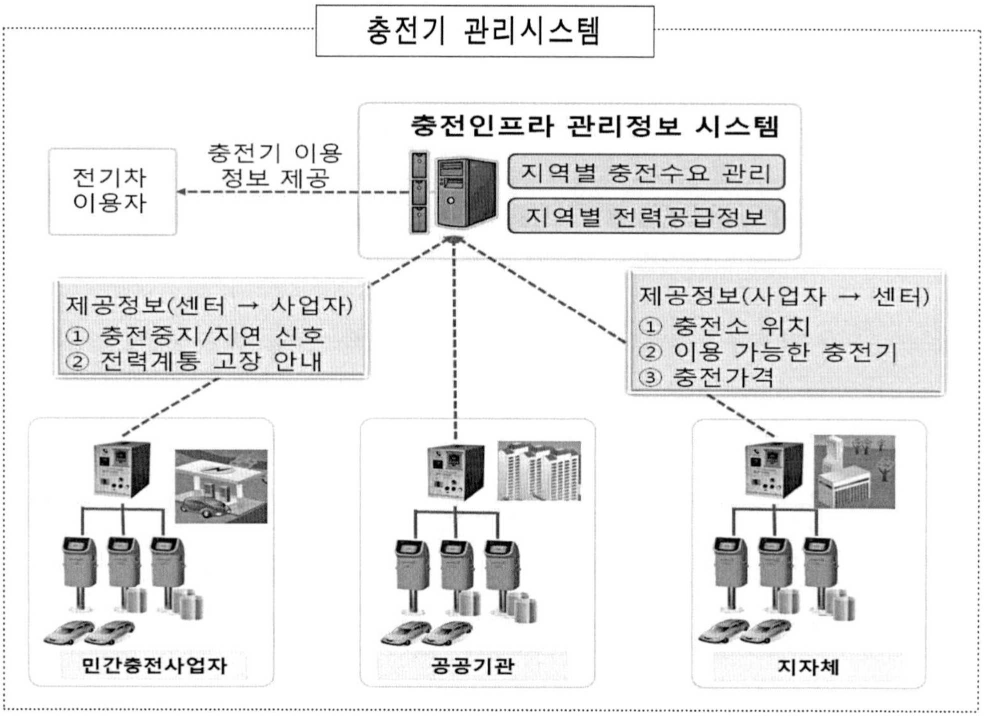

[그림 2.3] 충전인프라 관리정보시스템
출처: 지식경제부(2012), 제1차 지능형전력망 기본계획

전기차 충전시스템 기술개발현황은 전기자동차와 스마트그리드의 무선통신을 통해 피크시간대의 전력충전을 연기하여 동시 집중 문제를 완화시키는 집중형 소비문제에 대해 연구 중이나 아직까지는 연구단계이며, 기본 배터리보다 충전용량을 10배 이상 늘리는 기술을 개발 중이라고 도요타에서 밝혔으나 이 또한 연구 중에 있다. 향후 배터리 및 충전시스템 문제를 해결되면, 전기차가 대량 보급되어 충전 가능한 대규모 배터리가 지역내 설치되는 것과 비슷한 효과를 가져와 피크전력 분산에 도움을 줄 수 있다.

2.2.3 에너지저장시스템(ESS)

에너지저장시스템(Energy Storage System)은 대용량 전력저장 배터리를 말하며, 전력회사가 사용량이 줄어드는 새벽에 여분의 전기에너지를 대용량 배터리에 충전하여, 전력소비가 절정에 이르는 시간대에 소비자들에게 원활한 전기에너지 공급을 위해 사용한다. 또, 태양광 발전기가 낮 시간대에 생산한 전기에너지를 ESS에 충전하여 밤에 사용하는 용도도 가지고 있다. 구체적으로 리튬이온전지와 같은 중소형 2차 전지를 대형화하거나 회전에너지, 압축공기 등 기타 방식으로 저장하며 배터리, 전력조절기(PCS), 전력관리시스템(PMS), 배터리관리시스템(BMS) 등으로 구성된다.

[표 2.4] 국내 ESS 실증 현황

장소	실증 내용
제주 실증단지	분산 발전원과 연계한 리튬이온 ESS 9기 실증(2.5MWh) (~2013.5)
대구 실증	10kWh급 리튬이온전지를 100가구에 실증(태양광 연계) (2010.6~2013.5)
한전 실증 추진	계통안정화용 8MWh급 ESS를 제주조천변전소에 설치 중 (2011.7~2014.6)

출처: 지식경제부(2012), 제 1차 지능형전력망 기본계획

ESS는 전력 소비가 없을 때 저장하였다가 전력이 필요할 때 즉시 제공할 수 있어 부하 평준화(Loading Leveling)를 통한 전력 운영의 최적화가 가능하다. 무엇보다 태양광, 풍력, 조력 등 외부 환경에 따라 출력 변동성이 심한 신재생에너지를 ESS에 저장하여 필요시 고품질의 에너지로 변환하여 소비자에게 제공하는 것이 가능하다.

세계적으로 일본, 미국 등 주요 선진국들은 ESS을 구현하기 위해 활발히 연구 중에 있으며 일부는 사업화단계에 이르러 있다. 특히, 일본의 경우에는 2011년 발생한 대지진과 원전 사태 이후 촉발된 전력대란으로 가정용 태양광 발전과 ESS를 연계한 시스템에 대한 수요가 급증하고 있는 추세이다.

지식경제부 제1차 기본계획은 2016년 누적 용량 20만kWh의 ESS 보급을 목표로 설정하고 다양한 보급 정책들을 제시하고 있다.

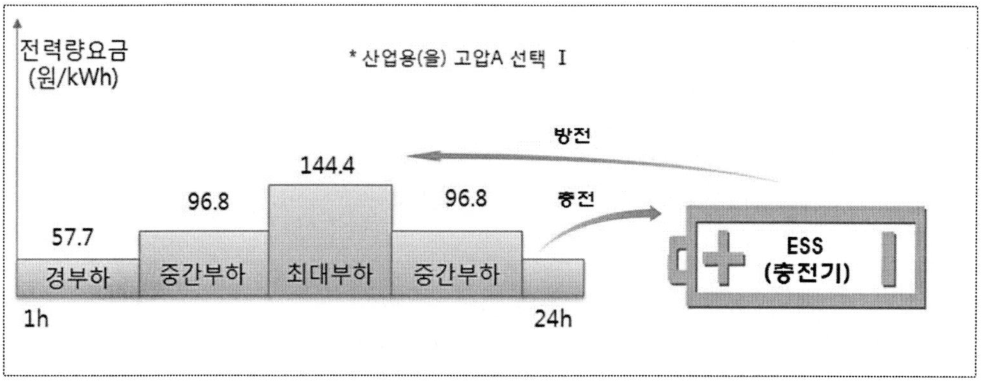

[그림 2.4] 에너지저장장치(ESS) 설치 후 수익확보 방법
출처: 지식경제부(2012), 제1차 지능형전력망 기본계획

[표 2.5] 국내 ESS 보급 계획(신규)

연도	2012	2013	2014	2015	2016
보급용량(만kWh)	0.1	1	3.2	5.7	10

출처: 지식경제부(2012), 제1차 지능형전력망 기본계획

2.2.4 지능형 수요반응(DR, Demand Response)

지능형 수요반응은 전기요금 시그널 및 경제적 인센티브에 반응하여 전력소비패턴을 변화시키는 것을 의미하며 지능형 DR과 경제성 DR로 나뉜다. 지능형 DR은 감축량만큼 용량정산금 및 감축실적금을 전력기금에서 보상하는 것이고, 경제성 DR은 감축량 및 금액을 입찰하여 전력시장에서 정산하는 개념이다. 수요반응은 가격이나 금전적인 보상 또는 전력회사의 지시에 반응하여 최종소비자가 일상적인 소비패턴에서 벗어나 전력을 사용하는 것을 말하는데, 대개 전력회사는 도매시장 가격이 높아지거나 계통신뢰도가 위협받는 상황에 대처하기 위하여 최종소비자가 전력소비를 줄이도록 하면서 금전적인 보상을 제공하는 것이다. 또한 전기소비자 입장에서는 전기요금이 비싼 시간대를 피하여 전기를 사용함으로써 요금을 절약하거나 전력회사의 요청시 소비를 절감함으로써 인센티브를 제공받을 수 있다. 이처럼 수요반응 서비스란 수요반응 자원의 발굴과 운영을 통해 전력회사와 고객 모두에게 부가자치를 제공하는 서비스를 의미한다. 현재 국내에서 운영 중인 수요반응제도 형태의 수요반응 프로그램에 대한 구체적인 현황은 아래와 같다.

① 수요감축입찰시장

○ 시장의 형태 : 거래단위 - 30분

○ 조정 방법 : 전력거래의 통지에 따라 수요측 반응
- 통지방법 : 휴대폰 문자메시지, 이메일, 홈페이지 공지
- 통지내용

● 시장개설 시 : 시장의 형태, 거래시간대

● 감축통보 시 : 거래시간대별 계획감축량 및 시장가격
- 수요자원시장 등록대상 : 부하감축가능용량이 “300kW” 이상인 고객
- 운영기간

● 최대 전력수요가 예상되는 기간을 매년 정기운영기간(7~8월 중 약 30일간)으로 지정하여 운영 또는 전력수급 비상발생 시 한정적으로 시행

② 지정기간 수요조정

○ 여름철 전력수요가 집중되는 때에 고객이 한전과 약정을 체결한 기간 동안 전력수요를 줄이는 경우 지원금을 지급하는 제도

○ 지원 대상
- 최대수요전력 300kW 이상의 일반용, 산업용 고객으로서 11~12시, 13~17시 사이에 1시간 평균전력을 고객기준부하(CBL)보다 30%이상 또는 3,000kW 이상 줄이는 고객

③ 주간예고 수요조정

○ 전력수요가 집중되는 기간(한전에서 별도예고)에 전력사용을 줄이는 경우 지원금을 지급하는 제도

○ 지원 대상

- 최대전력 300kW 이상 일반용·산업용고객이 부하조정시간 30분 평균전력을 고객기준부하보다 10%(20%) 이상 또는 3,000kW 이상 줄이는 경우

○ 시행 시기

- 수급전망 결과 공급예비력 5,000MW 이하 또는 최대전력 경신 전망시

④ 직접부하제어

○ 전력수급 불균형 발생에 대비하여 사전에 약정을 체결한 고객에게 제어 시스템을 설치하고 필요시 통신망으로 사전 예고후 고객의 부하를 직접 제어

○ 적용 대상

- 계약제어전력 300kW 이상의 일반용, 산업용 및 교육용 고객

○ 제어방식

- 7. 1~8. 31까지 기간 중 15회 이내, 1일 4시간 이내로 제어 원칙
- 제어방식 : 인터넷을 이용한 양방향 제어
- 제어시기 : 예비전력 2,000MW 미만시

⑤ 비상절전

○ 전력수급 불균형 발생에 대비하여 사전에 고객과 약정을 체결하고 필요시 한전요청으로 고객이 자율적으로 부하를 조정할 경우 지원금을 지급

○ 적용 대상

- 최대전력 300kW 이상의 일반용, 산업용 고객으로서 비상절전시간 중에 30분 이상의 평균전력을 기준평균전력보다 20% 이상 또는 1,000kW 이상 줄이는 고객

● 기준평균전력 : 시행 직전 3일간의 비상절전시간과 같은 시간 중에 나타난 평균전력

● 비상절전시간 : 예비전력 200만kW 미만인 경우 한전이 정하는 시간

○ 조정방법 : 한전 요청에 의해 고객이 자발적으로 조정

- 비상절전 개시 3시간 전까지 요청하며 다만, 긴급 상황 등 부득이한 경우는 3시간 이내라도 요청가능
- 절전 시간 : 20분을 1회로 2회(1시간) 이상 이행

현재 전력수요관리분야의 개별적인 프로그램의 보급은 활발하게 이루어지고 있으나, 신기술에 기초한 선진화된 수요관리 프로그램의 도입 및 다각화는 선진국 수준에 미흡하다. 2007년

수요관리실적(신규부분)은 최대부하 절감 2,624MW(최대부하 62,285MW의 4.2%), 에너지절감 772GWh(판매전력량의 약 0.2%)에 달하였고, 최대부하절감은 부하관리요금제도 91.2%, 부하관리사업 3.4%, 효율향상사업 5.4%로 대부분 부하관리 요금제도로 달성하였다. 국가전력수급기본계획에 중장기 수요관리 추진계획을 수립하고 있으며, 과거 계획대비 실적결과를 분석하면 실적은 계획대비 낮은 수준에 있다. 이는 수요관리에 대하여 새로운 개념의 추진이 필요하며, 수요관리계획을 효과적으로 달성하기 위한 새로운 시스템 도입이 필요하다.

현재 수요관리 요금제도는 부하감축 효과는 매우 높으나, 프로그램의 경직성으로 사전에 결정된 프로그램 시행기간에만 효과가 나타나므로 실제 부하절감량이 시스템 부하의 절감량과 차이가 나는 경우가 많다. 2007년의 하계 최대부하는 8/21에 발생하였으나, 부하관리요금제도의 시행기간에 포함되지 않아서 부하관리요금제도에 의한 피크절감 기여가 낮다(시행기간 중 평균 피크감소 : 2,392MW ⇨ 실제 계통피크 기여 : 192MW).

2.2.4.1 에너지 사용 효율화를 위한 수요 자원 시장 도입

기존 한국전력과 전력거래소가 운영하던 부하관리 프로그램은 수요 감축에 반응하는 속도가 느리고 300kW 이상의 대용량 수요자원을 대상으로 한다는 점에서 피크수요에 대한 탄력적 대응이 어려운 실정이었으며, 여름과 겨울철 피크시기에 국한되어 운영되었다. 또한, 한전이 수요 감축 자원(대상 수용가)를 직접 발굴/관리하는 체제로서, 수요관리 전문기업이 성장하기 어려운 환경이었다. 그러나 최근 전 세계적으로 스마트그리드 기술을 접목한 소규모 수요 반응 자원을 발굴 및 운영하는 전문 사업에 대한 관심이 고조되고 있어 민간시장의 기대감이 커지고 있는 실정이다.

현재 스마트그리드 기반 수요 자원 시장의 활성화 지연은 스마트그리드 하드웨어와 시스템이 작동할 수 있는 소프트웨어와 플랫폼, 즉 다양한 선진적 요금제도 부재와 이러한 요금 제도를 자율적으로 설계할 수 있는 전력 판매경쟁제도의 부재, 더불어 전력도매시장과 연계된 다양한 부하반응 시장, 비즈니스 모델 및 사업자의 부재 등의 문제로 압축될 수 있다. 따라서 스마트그리드 기반의 수요 자원 시장 생성에 따라 시장 참여 및 확대를 위해, 스마트그리드 기반의 수요 자원을 발굴하고 다양한 Business Model, 서비스와 제품 개발이 필요하다.

03 스마트그리드 유선통신 시스템

이번 장에서는 스마트그리드에서 유선통신 시스템으로 이용될 수 있는 전력선통신(Power Line Communication, PLC)에 대해 다룬다.

그 동안 전력선(Power Line)은 단순히 각 가정이나 사업장에 전력을 공급하는 전송 선로로서 사용되어 왔다. 약 10여년 전부터, 전력선을 전력전송수단뿐만 아니라 통신수단으로 사용하고자 하는 아이디어를 실용화한 저속 PLC 기술이 개발되어 주로 조명이나 배전선의 제어용으로 사용해 왔다. 전력선은 별도의 배선이 필요 없기 때문에 편리하고 구축비용이 저렴하다. 전력선은 조명뿐만 아니라 방범, 방재, 가전 기기를 제어하는 기능을 수행하기도 한다.

PLC 방식은 크게 22KV의 고압 송전망을 이용하는 방식과 110V/220V급의 일반 수용가 전력망을 사용하는 방식으로 구분되며, 특히 저압의 수용가 망에 대한 연구개발이 활발하게 진행되고 있다.

최근에는 전력선을 스마트그리드 홈 네트워크 구축에 이용하고자 하는 아이디어가 활발히 논의 중인데, 어느 건물이나 전력선은 존재하기 때문에 전력선을 이용한 스마트그리드 홈 네트워크 구축은 아주 편리한 방법이라 여겨진다. 왜냐하면, 새로 구축하는 것보다 현재의 시스템을 그대로 사용할 수 있어 쉽게 사용할 수 있는 장점이 있기 때문이다. PLC는 지금까지 각종 부하에 따른 열악한 통신 채널 특성으로 인해, 저속 통신에 기반을 둔 음성 전송이나 원격제어, 검침 등의 단순한 응용 분야에 주로 활용돼 왔다. 그러나 최근 부하로 인한 잡음을 제거하고, 임피던스 매칭, 전송 속도 및 전송 거리 증대 등 기술적인 문제가 해결되면서 새로운 가능성을 보여주고 있다. 그리하여, 최근에는 가정에서 초고속 인터넷 접속의 유망한 수단으로 관심을 끌고 있다.

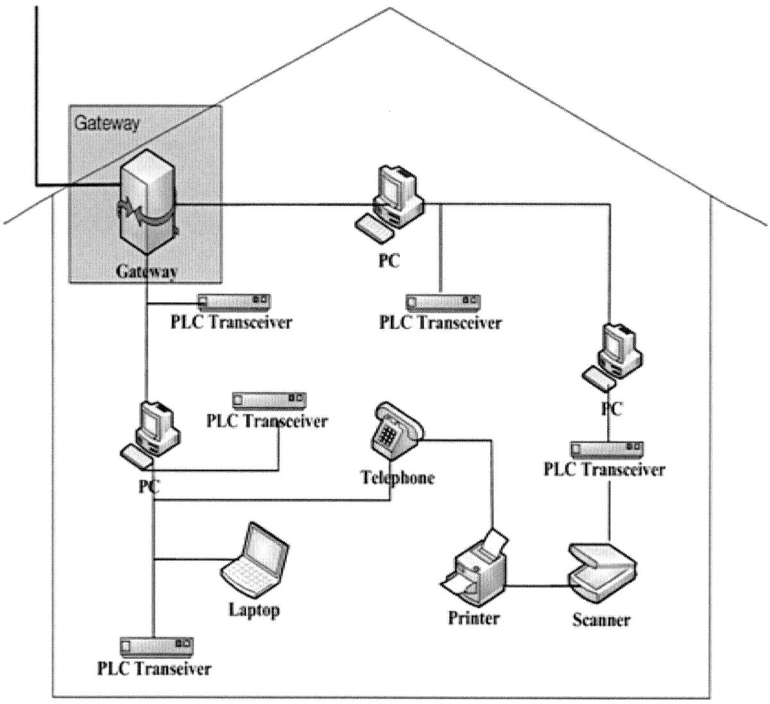

[그림 3.1] PLC를 이용한 스마트그리드 홈 네트워크

3.1 전력선통신(Power Line Communication, PLC)의 개요

전력선을 이용한 통신기술의 역사는 1830년대부터 시작된다. 원격 전력 미터기의 전압검사를 위해 전력선에 신호를 사용한 것이 최초이며, 1920년대부터 발전소와 변전소간 전력선 반송 음성 전화용으로 사용되어 왔다. 자연적으로 포설된 전력선에 제어신호를 실어 전력선에 연결되어 있는 전력 제어설비를 on/off 할 수 있게 하는 원격제어 기술은 1930년 독일에서 발명되어 유럽의 가로등 조명이나 부하제어 방식에 응용되었고 이러한 전력설비 제어기술의 효용성은 최근까지 빌딩이나 가정 내의 가전설비 네트워크용으로서의 사용이 보편화되고 있다.

초기 15~500kHz의 반송신호를 활용한 비트 신호 전송 수준에서 벗어나 디지털 변복조 기술을 적용하여 데이터통신의 속도성과 신뢰성을 향상시켰으며, 특히 최근에는 30MHz대의 주파수 대역까지 확장하여 전력선에서 반송주파수를 사용하는 고속의 광대역 전력선통신(Broadband Power Line Communication)기술이 개발되고 있다.

고속 광대역 PLC기술은 기존의 디지털 가입자망 통신기술인 xDSL과 같은 전송속도와 프로토콜을 가질 수도 있어 인터넷 가입자망은 물론 수용가들의 전기설비 감시제어를 위한 설비용 네트워크와 이와 연계된 가전용 홈 네트워크까지 서비스를 확장할 수 있게 되었다.

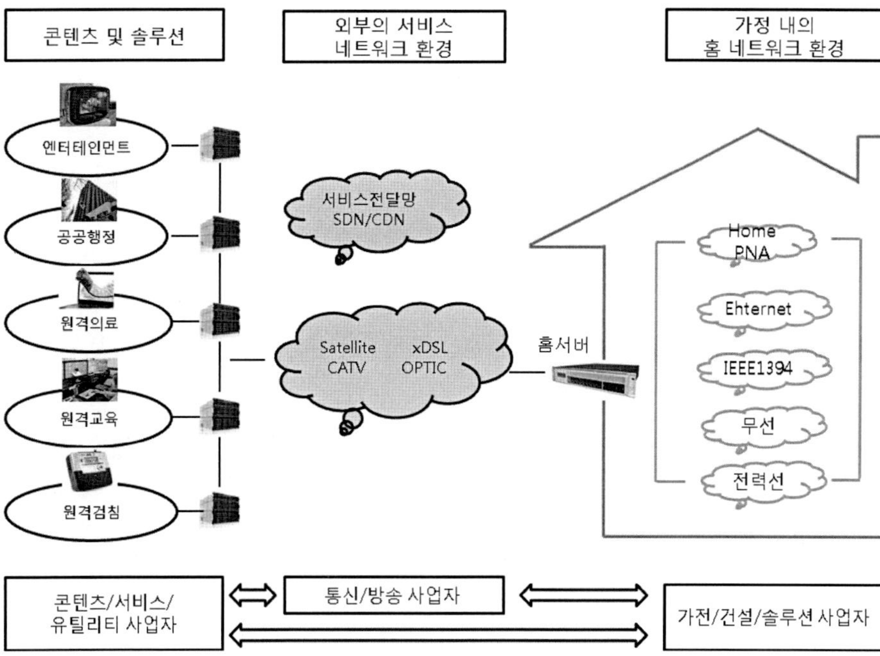

[그림 3.2] 설비용 네트워크와 연계된 가전용 홈 네트워크 서비스

3.2 PLC의 특징

3.2.1 PLC의 장점

PLC의 가장 큰 장점은 전기 콘센트라는 널리 인지된 인터페이스를 사용하기 때문에 폭넓은 연령층이 받아들이기 쉽다는 점, 전원 콘센트만 있으면 통신이 가능하기 때문에 사용 가능한 장소의 제약이 적어 편리성이 높다는 점, 시스템 구축에 있어 기존의 전력선을 그대로 이용할 수 있기 때문에 용이하며 경제적이라는 점 등을 들 수 있다. 그렇기 때문에 일반 가정뿐만 아니라, 학교와 상가 빌딩 등에도 쉽게 IT 환경을 구축할 수 있다.

또 다른 장점으로는 현재 기술적으로 최대 200Mbps 정도의 초고속 통신이 가능하므로 네트워킹 응용 측면으로 이 기술을 응용할 경우, 홈 네트워킹(Home Networking), 홈 자동화(Home Automation), 자동 제어(Automatic Control), 원격 검침(Automatic Meter Reading) 등이 가능해 다양한 응용 시장을 활성화할 수 있다는 것이다.

3.2.2 PLC의 단점

전력선(Power Line)은 본래 통신을 목적으로 시공 설치된 것이 아니라, 전원 공급을 목적으로 설치되었다. 따라서 다양한 전기기기에서 발생하는 잡음(Noise)과 간섭(Interference)은 그대로 전력선에 전달되어 전력선을 이용한 통신을 방해하고, 전력선을 통해 전기가 이동하면서 데이터 신호가 감쇠될 수 있다.

또한 PLC에서 사용하는 주파수 대역폭을 다른 무선 통신 서비스에 방해가 되지 않도록 제한할 필요가 있는데, 이 주파수 할당 대역은 국가마다 다르므로 표준화가 어렵다.

[표 3.1] PLC의 장점과 단점

장 점	단 점
- 추가적인 통신망 설치 불필요 - 통신망 설치비용 절감 - 다양한 네트워크 응용시장	- 잡음과 간섭으로 인한 통신방해 - 전력선을 통한 신호 감쇠 - 표준화의 어려움

3.3 PLC의 분류

PLC는 전기를 분배하는 목적으로 만들어진 전력선에 고주파 신호를 중첩하여 통신하는 장치이다. 송신 측에서 전력선에 고주파 신호를 중첩하고, 수신 측에서 고주파 신호만을 골라내 통신의 신호로 이용한다. PLC는 전기를 배송할 뿐만 아니라 정보도 같은 배선으로 보낼 수 있기 때문에, 에너지와 정보의 통합 배송이라는 의미에서 합리적인 장치이다. PLC는 크게 사용 주파수 대역과 이용 형태로 분류할 수 있다.

3.3.1 주파수 대역

PLC는 전기에너지를 전송하는 것을 목적으로 만들어진 전력선에 고주파 신호를 중첩하여 통신하는 기술로 사용하는 주파수 대역에 따라 크게 협대역(Narrowband) PLC와 광대역(Broadband) PLC 기술로 구분된다.

- **협대역(Narrowband) PLC** : 9kHz~450kHz대역을 사용하여 수 kbps급의 통신 속도를 실현하며 제어 신호 및 인터폰(음성) 등의 저속 데이터 서비스를 제공하는 기술로써 저속 PLC 또는 저주파 PLC로 통칭한다.

- 광대역(Broadband) PLC : 1.7MHz~30MHz대역을 사용하여 수 Mbps에서 100Mbps급의 통신 속도를 가능하게 하며 음성, 데이터, 멀티미디어 신호의 전송 서비스를 제공하는 기술로써, 고속 PLC 또는 고주파 PLC로 통칭한다.

3.3.2 이용 형태

PLC의 이용형태에 따라 옥내(In-Home) PLC와 옥외(Access) 전력선 통신으로 구분된다.

- 옥내 PLC : 하나의 건물 내에 부설되어 있는 110V/220V 저압 배전 케이블을 이용하는 PLC이다.
- 옥외 PLC : 변전소에서 고압(22.9kV)배전선로를 이용하여 통신망을 구성하는 고압 PLC와 주상 변압기에서 가정용 전력량계까지의 저압 인입선을 이용하는 옥외 저압 PLC로 구분된다.

[표 3.2] PLC의 분류

구분	주파수 대역	속도	서비스	
협대역 PLC	9kHz ~ 450kHz	1Mbps 이하	옥내	제어, 음성
			옥외	원격검침, 배전자동화
광대역 PLC	1.7MHz ~ 30MHz	10Mbps 이상	옥내	데이터 네트워크
			옥외	가입자 네트워크

3.4 PLC 채널의 특성

전력선의 3상 중 2개의 상을 이용해 전력선 채널회로를 구성하는 방식이 금속회로(Phase to Phase)방식이다. 이러한 회로방식은 전력계통이나 전송거리 특성에 따라 선정하게 된다.

전력선은 60Hz의 전원 주파수에 적합하게 제작된 선로이고, 데이터 전송을 목적으로 설계되지 않았기 때문에, 데이터전송에 대해서는 열악한 환경을 제공한다. 가변적인 임피던스, 화이트 특성을 갖지 않는 심각한 노이즈, 주파수에 따른 높은 감쇠현상 등이 주요 문제점으로 대두되고 있다.

두 장비 사이의 채널은 복잡하게 얽힌 전력선에 의해 구성된 네트워크의 전달함수를 가지며, 많은 스터브들은 다양한 임피던스를 가진 전송로드를 가지게 된다. 이로 인해 전송매체를 통과하면서 신호의 진폭과 위상은 주파수에 따라 많은 변화를 겪게 된다. 플러그가 꼽히거나 전원이 꺼지는 등의 다양한 변화에 의해 전력선에 의한 네트워크 토폴로지는 수시로 변하게 된다.

전력선에 의한 신호 전송은 무선 환경의 채널과 같이 송수신단 사이의 Line-of-Sight (LOS)가 존재하지 않기 때문에 에코가 발생하게 된다. 또한 전력선 네트워크 상의 부정합 (mis-matching)으로 인한 신호의 반사가 수시로 발생하기 때문에 무선 환경에서의 다중경로 현상을 가지게 된다.

이러한 전력채널 특성을 고려하여 사용 주파수에 따라 PLC 방식을 전파법규에서 인정되고 있는 450kHz 이하의 주파수 대역의 반송주파수를 쓰는 협대역 통신방식과 최근 법적으로 주파수 사용규제를 완화하려는 고주파 대역(1~30MHz) 응용의 광대역 통신방식으로 분류하고 있다.

PLC 채널은 비정형적인 채널 파라미터를 가지고 있다. 부하기기들이 수시로 접속됨에 따라 채널 임피던스가 시간에 따라 변화하고 이러한 부하기기에 의한 잡음영향을 받거나 어느 주파수가 흡수되는 페이딩 현상이 발생됨으로 인해 비트 에러율이 일정하지 않다는 단점이 있다.

PLC 반송 기술은 초기의 아날로그 변조방식에 의한 SSB나 리플방식이 주로 안정적으로 사용되어 왔으나 최근 디지털 변복조 통신기술이 적용되어 기술의 신뢰성과 실용성을 향상시키고 있다. 전력선 채널의 데이터 전송용량은 반송주파수 대역이 10MHz일 때, S/N비가 약 40dB 채널환경을 갖고 있으므로 이론적으로 약 100Mbps의 전송 용량을 얻을 수 있다. 30MHz 범위까지 주파수 대역을 확장하여 Discrete Multi Tone(DMT), Orthogonal Frequency Division Multiplexing(OFDM) 등의 디지털 신호처리 기술을 이용한 멀티캐리어 변복조 방식을 활용하면, 200Mbps급 이상의 초고속 전력선 통신의 전송용량을 확보할 수 있어 가입자망이나 홈 네트워크의 백본망으로서도 충분한 기대를 갖게 하고 있다.

3.4.1 PLC에서 통신속도 저하 원인

전력선 통신 기기의 통신 속도는 전송신호(Signal) 레벨과 선로상의 잡음(Noise) 레벨의 비 (Signal to Noise Ratio, SNR)로 결정된다. 충분한 통신 속도를 얻기 위해서는 SNR을 사용 주파수 대역 전체에 걸쳐 일정치 이상 확보할 필요가 있다. 하지만 실제 선로에서 SNR을 저하 (전송신호 레벨의 감소, 잡음 레벨의 증대)시키는 환경요인이 존재하여 통신 속도를 저하시킨다. SNR을 저하시키는 주요 원인은 다음과 같다.

3.4.1.1 PLC 채널에서의 잡음

잡음 PLC에서 큰 문제점이 되는 이유는 수신단에서의 잡음이 White Gaussian Noise (WGN)의 특성을 거의 가지고 있지 않기 때문이다. 잡음의 근원은 브러쉬 모터, 형광등, 수은등, 파워 공급기와 같은 다양한 것들이 될 것이며, 따라서 전력선에 가해지는 잡음은 주파수 선택적(Frequency Selective) 잡음 혹은 임펄스 잡음이 된다.

PLC 네트워크에 연결된 전력 장비들은 모두 잡음원으로서 동작하기 때문에 전력 장비 위치에 따라서 신호의 SNR은 달라진다. 잡음원 가까이에 존재하는 수신단의 경우는 상대적으로 낮은 SNR을 갖는 신호를 수신하게 된다.

또한 송신기와 수신기는 더 이상 LOS를 가지지 않기 때문에 에코가 발생하며, 각 전력 장비마다 가지는 다양한 임피던스로 인한 부정합으로 인한 반사가 발생하며 이로 인해 신호는 다중경로를 가지게 되며 다중경로 페이딩 특성을 가진 신호를 수신기에서 수신하게 된다.

전력선에서의 잡음에 대한 많은 연구가 이루어져 왔다. 최근 연구에 따르면 전력선에서의 잡음은 불규칙할 뿐만 아니라 예기치 않은 임펄스 잡음의 내부 도달 시간, 진폭, 주기의 분포 역시 불안정하다고 한다.

이런 연구에 따르면 전력선 내의 잡음은 네 종류로 분류할 수 있다.

- **색 잡음(color noise)** : 이 형태의 잡음은 상대적으로 낮은 전력 스펙트럼 밀도(Power Spectral Density)을 가지며, 이는 주파수가 높아질수록 작아지는 특징을 가진다.
- **협대역 배경 잡음(narrowband background noise)** : 이 형태의 잡음은 주로 AM (Amplitude modulation) 신호에 의한 것이다. 이런 간섭은 방송국으로부터 혹은 단파장에 의해 발생한다.
- **발진기의 실제 공급 주파수와 동기가 맞는 임펄스 잡음** : 이 형태의 임펄스 잡음은 60/50Hz의 배수가 되는 주파수에서 발생한다.
- **주 주파수와 동기가 맞지 않는 임펄스 잡음** : 이 잡음은 데이터 전송에 매우 해로운 잡음이다. 이 잡음의 주기는 수-마이크로초에서 수-밀리초로 다양하며 랜덤한 내부 도달 시간을 갖는다. 그런 잡음의 전력 스펙트럼 밀도는 보통 배경 잡음의 50dB를 윗돈다. 이 임펄스 잡음은 시스템 네트워크의 변화에 의해 발생한다.

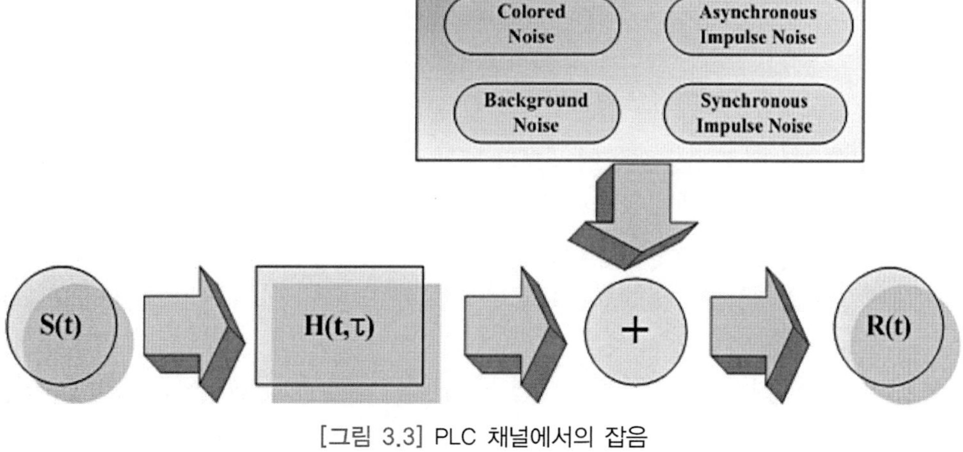

[그림 3.3] PLC 채널에서의 잡음

3.4.1.2 선로의 분기에 의한 신호 감쇠, 반사의 영향

전력선은 일반적으로 나무형, 혹은 버스형으로 분기되어 있다. 분기점에서는 통신 신호가 분할되기 때문에, 분기 수의 증가와 비례하여 신호레벨이 감소한다. 따라서 동일한 거리라 하더라도 분기수에 따라 도달하는 신호레벨이 다르다.

또 분기점에서는 임피던스의 부정합에 의해 신호의 반사가 자주 생긴다. 반사에 의한 송신 신호의 손실(Loss)과 더불어 반사신호와 송신신호의 간섭에 의한 특정 주파수대에서 신호레벨의 감소가 발생하게 된다. 송신점-분기점간, 혹은 분기점-분기점간의 거리가 PLC 신호파장의 1/4에 이를 경우, 송신신호와 반사신호가 상쇄되어 신호강도가 감소한다.

3.5 PLC의 변조 방식

고속 PLC 전송에 이용되고 있는 3가지 주요한 변조 방식은 Spread Spectrum 방식, Multi-carrier 방식, Orthogonal Frequency Division Multiplexing(OFDM) 방식이다. PLC의 고속화에 따라 광대역의 Multi-carrier 변조 방식이 사용되며, 그 중에서도 특히 현재 ADSL, WiBro, HSDPA 등에 사용되는 변조 방식인 OFDM이 주로 사용된다.

3.5.1 확산 스펙트럼(Spread Spectrum) 방식

Spread Spectrum 방식은 특정한 정보를 전송하기 위해 필요한 이론적 대역폭보다 훨씬 넓은 대역폭을 사용하여 정보를 전송하는 기법으로 협대역(Narrowband)의 잡음(Noise)과 감쇠에 강한 것이 특징이다.

예를 들면, 5kbps의 정보원의 경우 이를 전송할 때 5kHz의 대역폭이면 가능하나 이보다 훨씬 넓은 1MHz의 주파수 대역을 이용하여 전송하면 주파수 대역의 이용 효율은 떨어지나 오류 효율 또는 신호 대 잡음비(S/N)는 좋아진다. 또한 확산되어 송신되는 신호의 세기가 매우 약해도 통신이 가능하고 잡음 신호에 강하기 때문에 많은 송신자가 동시에 신호를 송출하더라도 특정 코드를 가진 특정 수신자에게 신호를 전달할 수 있다.

그렇기 때문에 만약 선로 상에 협대역의 잡음이 존재해도, 복조기에서 노이즈가 확산되기 때문에 이 잡음에 의한 영향을 억제할 수 있게 된다.

3.5.2 다중 반송파(Multi-carrier) 방식

전력선처럼 임피던스가 안정적이지 않은 선로에서는 반사파가 다수 발생한다. Multicarrier 방식은 이러한 Multi Pass 전송로에 강한 통신방식이다.

Multicarrier 방식은 이용가능한 주파수 대역에 중심 주파수가 다른 다수의 Carrier를 가지고 데이터를 각 Carrier에 분배하여 전송하는 방식이다. 다수의 Carrier에 의한 병렬 송신에 의해 하나의 Carrier 당 전송 속도를 억제할 수 있기 때문에, 본래의 신호보다 느리게 도착하는 반사파에 의한 영향이 강하다.

3.5.3 직교 주파수 분할 다중화(Orthogonal Frequency Division Multiplexing, OFDM) 방식

OFDM 방식은 Multicarrier 방식의 일종으로, 고속 통신을 가능하게 하는 변조 방식으로 주목받고 있다. Multicarrier 방식에서는 서로 이웃하는 Carrier 간에 간섭하지 않을 정도로 주파수를 분배하기 때문에, 주파수의 이용효율이 제한되어 고속화가 곤란했다. OFDM 방식은 서로 이웃하는 Carrier끼리 서로 겹쳐질 정도로 근접하더라도 직교하므로 서로 간섭하지 않기 때문에, 고주파수 이용효율을 실현시키며 고속 통신을 가능하게 한다. Carrier 수는 수십 개~수천 개 정도를 사용한다. 손실과 잡음이 큰 주파수 영역은 이용하지 않고, 다른 주파수에 데이터를 분배할 수 있기 때문에 효율적인 통신이 가능하다. 또 다른 무선기기와의 간섭 가능성이 있는 경우, 특정 주파수의 출력을 소프트웨어 상에서 저감할 수 있고 이것을 피할 수 있다.

OFDM 방식에는 FFT(Fast Fourier Transform)와 Wavelet 변환이 있다. Wavelet을 기본으로 한 OFDM 방식의 경우는 진폭 스펙트럼의 제 1 Side Lobe를 FFT를 기본으로 한 것보다도 작게 할 수 있기 때문에 협대역에서 사용하지 않은 Carrier 수를 줄일 수 있는 특징이 있다. [그림 3.4]는 OFDM 송수신기의 주된 기능을 담당하는 블록들의 집합과 송수신기 전체의 구조를 나타낸다.

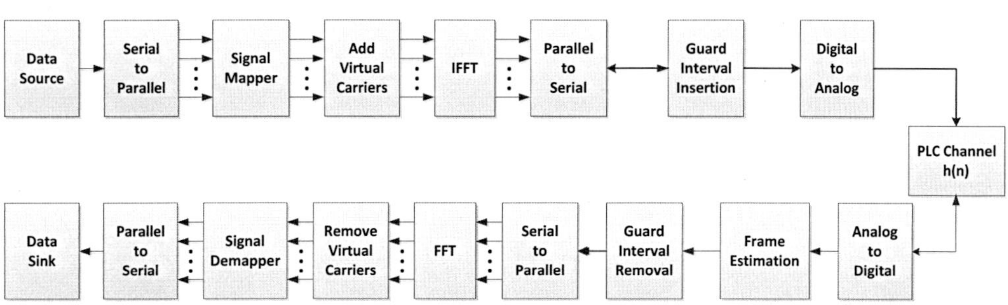

[그림 3.4] OFDM 송수신기 전체 구조도

미래의 PLC는 고속 데이터 통신이 가능하도록 발전해 나갈 것으로 예상된다. 이를 위해서는 전력선 구간에서의 고속 데이터 통신이 가능해야 한다. 무선 링크에서 고속의 데이터 통신을 제공하기 위해서는 넓은 대역폭이 필요하게 되고 반면에 한 개의 심볼이 차지하는 시간은 매우 짧아지게 될 것이다. 그런데 전력선 구간에는 다중 경로가 존재하기 때문에 전송된 한 개의 심볼이 두 가지 다른 경로를 따라 도착하는 데에는 시간의 차이가 발생할 수 있다. 한 심볼의 신호 중에서 상대적으로 긴 경로를 따라 도착한 신호는 그 다음 심볼의 신호 중 짧은 경로를 따라 도착한 신호에 간섭을 일으킨다. 이러한 ISI(Inter-symbol Interference)는 전력선 구간이 더욱 고속으로 됨에 따라 더 심각한 문제가 된다.

이러한 문제를 해결하는 한 가지 방안으로는 주파수 대역을 작은 여러 개의 subcarrier로 나누고 전송하고자 하는 data stream을 각 subcarrier에 나누어 전송하는 FDM(Frequency Division Multiplexing) 방법을 생각할 수 있다. 이 경우 각 subcarrier의 전송속도는 느리기 때문에 한 symbol duration이 길어져서 앞에서 설명한 ISI의 문제가 크게 줄어 들게 된다. 원래 FDM은 하나의 넓은 대역폭을 여러 개로 나누어서 여러 쌍 간의 통신 수요를 다 같이 전송하고자 하는 Multiplexing 기술이었지만 여기에서 FDM은 한 쌍의 통신 수요를 여러 개의 subcarrier에 나누어 전송한다는 점에서 Multiplexing 기술이라기 보다는 Modulation 기술이라고 보아야 할 것이다.

이렇게 FDM을 이용하여 하나의 data stream을 여러 subcarrier에 나누어 전송하는 방식은 ISI의 영향을 줄일 수 있다는 장점이 있지만 반면에 single carrier에 비하여 주파수가 낭비된다는 단점을 가지고 있다. [그림 3.6]은 전통적인 FDM을 이용한 multicarrier방식을 보여주고 있다. FDM에서는 subcarrier간에 interchannel interference를 없애기 위하여 서로 중첩되지 않게 subcarrier가 배치되어야 하기 때문에 낭비되는 주파수 부분이 존재한다. 따라서 전체 대역을 single carrier로 사용할 때에 비하여 전송속도는 떨어지게 된다.

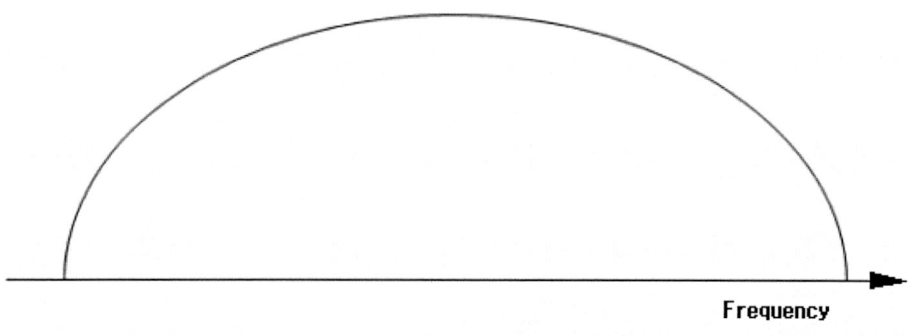

[그림 3.5] 단일반송파 방식

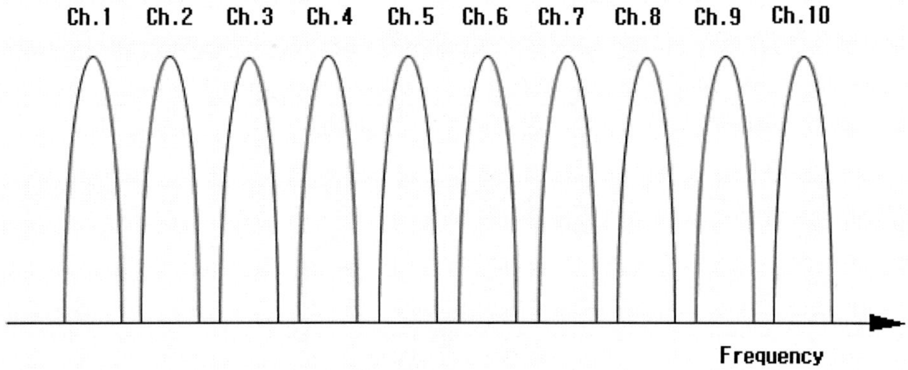

[그림 3.6] FDM을 이용한 다중반송파 방식

이러한 비효율성을 없애기 위하여 subcarrier들을 [그림 3.7]과 같이 중첩하여 배치하는 방안이 제안되었다. 이 경우 주파수가 중첩되는 부분에서는 subcarrier들 간에 간섭이 발생하게 되는데 이의 영향을 없애기 위하여 인접한 두 개의 subcarrier들이 중첩된 구간에서 서로 수학적으로 orthogonal 한 성질을 가지도록 각각을 modulation을 할 수 있다면 [그림 3.6]에 비하여 훨씬 효율적인 주파수 사용이 가능하게 될 것이다. 그 후 실제로 이러한 기술이 개발되었고 이러한 방법으로 중첩된 subcarrier들을 사용하는 FDM 방식을 OFDM(Orthogonal Frequency Division Multiplexing) 이라고 한다.

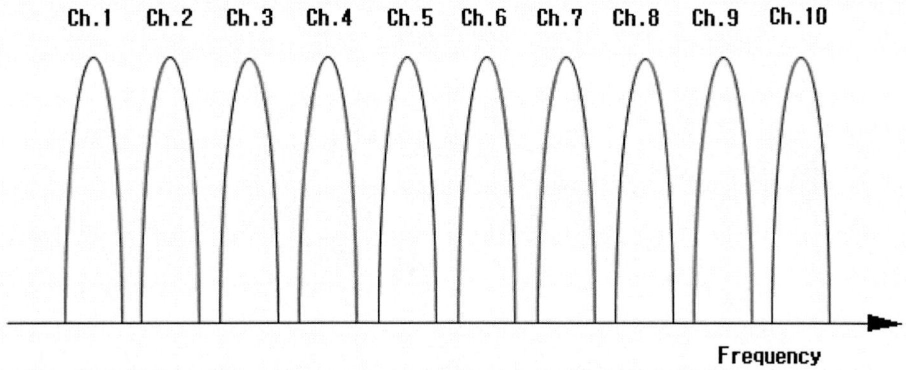

[그림 3.7] OFDM을 이용한 다중반송파 방식

[표 3.3] PLC 디지털 변복조 방식의 비교

	Single Carrier (QPSK/GMSK)	Multi-channel FSK	Multi-carrier (OFDM/DMT)	Spread spectrum
Bandwidth efficiency	2bit/s/Hz	1bit/s/Hz	1,2,3bits/s/Hz	< 0.1bit/s/Hz
Data rate	Mid speed	Mid speed	High speed	Low speed
Error rate @ Same SNR	–	–	–	Low (Spreading gain)
Sensitivity for impulse noise	High	Low	Very low	High
Sensitivity for distortion	High	Low	Low	Low
Flexibility and adaptability	Low	High	Very high	Low
Implementatio n complexity	High (Equalizer)	Low	High (Bit precision)	High (Operation peed)

3.5.4 OFDM 변조 방식의 원리

변조(Modulation)와 부호화(channel coding)는 디지털 통신 시스템의 기본적이 구성 요소이다. 변조는 디지털 정보를 아날로그 형태로 대응 시켜 채널에서 전송 될 수 있도록 변환하는 과정이다. 따라서 모든 디지털 통신 시스템은 이 과정을 수행하기 위한 변조기(modulation)를 갖고 있다. 복조(demodulation)는 변조의 반대 과정으로써 수신기에서 전송된 디지털 정보를 복구하는 과정을 수행한다. 최적의 복조기 설계는 검출 이론(detection theory)에 대하여 깊은 연구를 하여 〈식 3.1〉에 주어진 대역폭 W와 신호대 잡음비 SNR을 갖는 AWGN 통신 채널에서의 용량 C를 유도 하였다. 그 이후, 통신 분야의 과학자들과 엔지니어들은 채널의 용량에 도달하기 위한 방식을 찾기 위해 연구해 왔다.

$$C = W\log_2(1 + SNR) \quad \text{〈식 3.1〉}$$

채널 용량에 대한 Shannon의 증명은 실제로 채널 용량 C에 도달하는 방식을 제공하는 것은 아니다. 따라서 부호화 이론은 이론적 한계치인 C에 가장 근접한 성능을 갖는 통신시스템을 설계하기 위해 연구되었다. 부호화 이론을 기본으로 한 여러 가지 방식들은 채널 부호화, 전방 오차 정정(forward error correction , FEC), 오차 정정 부호화(error control coding) 등으로 불려진다.

채널 부호화(channel coding)는 잡음(noise), 페이딩(fading), 재밍(jamming)과 같은 다양한 왜곡 요소를 갖는 채널을 통해 신호를 전송할 경우 통신의 성능을 개선하기 위해서 신호를 변환시키는 것을 뜻한다. 채널 부호화의 목적은 전송 데이터에 구조화된 잉여 정보를 삽입함으로써 제한 전력 또는 제한 대역폭의 채널 환경 하에서 비트 오차율(bit error rate, BER) 성능을 개선시키기 위한 것이다. 채널 부호화는 크게 블록 부호화(block coding)와 컨볼루션 부호화(convolution coding)로 구분된다. 정보의 부호화와 채널 부호화는 비록 관계는 있으나 다른 분야이다.

3.5.4.1 변조

변조(modulation)는 송신 RF 신호의 크기, 위상, 주파수의 변화를 통해 수행된다. OFDM 시스템의 경우, 크기와 위상 변화를 이용한 방식이 사용 될 수 있다. 주파수 변조는 OFDM 시스템의 부반송파가 주파수 영역에서 직교(orthogonal)하고 독립적 정보를 담고 있으므로 사용 될 수 없다. 부반송파의 부주파수를 변조하면 직교성이 보장되지 않으므로 주파수 변조는 OFDM 시스템에서 사용되지 않는다.

변조기의 설계에 있어서 가장 많이 고려해야 할 부분은 성상도(constellation)이다. 성상도는 하나의 심볼에 전송되는 점들의 집합이다. 사용되는 성상도는 비트 오류율(BER), 최대전력 대 평균전력 비(peak to average power ratio, PAPR), RF 스펙트럼 형태 등의 통신 시스템의 여러 특성에 중요한 영향을 미친다. 성상도에 있어서 가장 중요한 파라미터는 최소 거리(minimum distance)이다. 최소 거리(dmin)는 성상도의 두 점 사이의 가장 가까운 거리를 의미한다. 따라서 dmin는 판정 오차를 발생시키기 위해 필요한 최소 잡음의 양을 결정하게 된다. 성상도의 실제적인 BER, 또는 Pb는 대다수의 경우에 있어서 〈식 3.2〉에 정의된 Q-함수의 값은 0의 평균과 단위 분산의 랜덤 변수를 갖는 확률 밀도함수의 tail 내의 면적과 같다.

$$\mathrm{Q(x)} = \frac{1}{\sqrt{2\pi}}\int_x^\infty e^{-\frac{t^2}{2}}dt, x \geq 0 \qquad \text{〈식 3.2〉}$$

Pb는 비트 당 에너지와 잡음의 비, Eb/N0, 또는 신호 에너지와 잡음의 비, Es/N0의 함수이고, 이 비는 심볼 당 전송된 비트이 수 k와 비례 관계에 있다. 신호 품질의 정도로서 사용되는 Eb/N0의 유용성은 이 장의 뒷부분에 있는 "채널 부호화"에서 설명하는 여러 부호화 방식을 통해 알 수 있다. Q-함수의 항으로 자주 사용되는 성상도에 대한 Pb 식은 〈식 3.3〉과 같이 표현할 수 있다.

$$P_b \cong Q(\frac{E_b}{N_0}) \qquad \text{〈식 3.3〉}$$

Q-함수의 값은 함수 내의 변수 값이 커질수록 감소하므로, 〈식 3.3〉에서 Eb/N0가 커지게 되면 성능이 개선됨을 의미한다. 각각의 성상도는 동일한 Eb/N0 값에 대해서 각각 다른 dmin 값을 갖게 되며, 주어진 Eb/N0에 대해서는 가장 큰 dmin를 갖는 성상도가 가장 좋은 성능을 갖게 된다. 〈식 3.3〉에 주어진 Pb식에서 이러한 영향은 Q-함수의 변수와 해당 값에 가중치가 취해지는 결과로 나타난다.

최소 거리는 성상점의 수 M, 평균 전력 P, 성상도의 모양 등 여러 요소에 영향을 받는다. 가장 중요한 요소는 성상도의 성상점 M=2k의 수로서, 이는 하나의 심볼 당 전송되는 비트의 수 k에 따라 변한다. 평균 전력 Pave는 전송 전력에 따라 변하며, 성상도의 크기를 크거나 작게 만든다. 결과적으로, 서로 다른 성상도 사이의 공정한 성능 평가를 위해서는 성상도의 dmin를 계산할 때 Pb가 1이 되도록 정규화해야 한다. 성상도의 평균 전력은 〈식 3.4〉에 보이는 바와 같이 성상도의 모든 M개의 성상점 Ck의 전력의 평균을 취함으로써 계산된다.

$$P_{ave} = \frac{1}{M}\sum_{k=1}^{M}|C_k|^2 \qquad \text{〈식 3.4〉}$$

(1) 동기 변조

동기 변조(coherent modulation)는 송신단과 수신단 RF 반송파 파형 사이에 위상이 맞추어져 있는(phase lock) 통신시스템에서 사용된다. 동기 변조는 성능이 개선되지만 이 장의 뒷부분에서 설명하는 비동기 변조 방식에 비해 수신기의 복잡도가 증가한다. 동기 변조의 성능 이득은 시스템이 큰 성상도를 사용할 경우 크게 증가한다. IEEE 802.11a와 같은 고속의 통신시스템에서는 일반적으로 동기식 변조를 사용한다.

(2) 진폭 천이 변조

진폭 천이 변조(Amplitude Shift keying, ASK)는 반송파의 진폭을 변화시킴으로써 정보를 전송한다. 〈식 3.5〉는 ASK 변조의 반송파 파형을 보여준다. 변조는 선택된 진폭 레벨을 해당 반송파 파형에 곱함으로써 이루어지며, 이 때 전송될 비트에 이에 해당하는 심볼을 선택함으로써 이루어진다.

$$\mathrm{s(t)} = A_k \cos(\omega_c t) \qquad \text{〈식 3.5〉}$$

[그림 3.8]은 여러 다른 ASK 변조 (a) 2-ASK 또는 BPSK, (b) 4-ASK, (c) 8-ASK를 보여준다. 이 그림에서 모든 변조는 동일한 최소 거리의 정보가 필요하다. SNR 증가는 성상도 상에서 비트가 추가될 때마다 대략 6dB 정도이기 때문에 큰 ASK 변조는 거의 사용되지 않는다. 2-ASK 변조는 가장 낮은 성상도이기 때문에 SNR 증가가 없다. IEEE 802.11a 시스템에서는 가장 낮은 2-ASK 변조를 사용하고 더 높은 변조의 경우 위상 천이 변조(Phase Shift Keying, PSK)와 직교 직폭 변조(Quadarature Amplitude Modulation, QAM)를 사용한다.

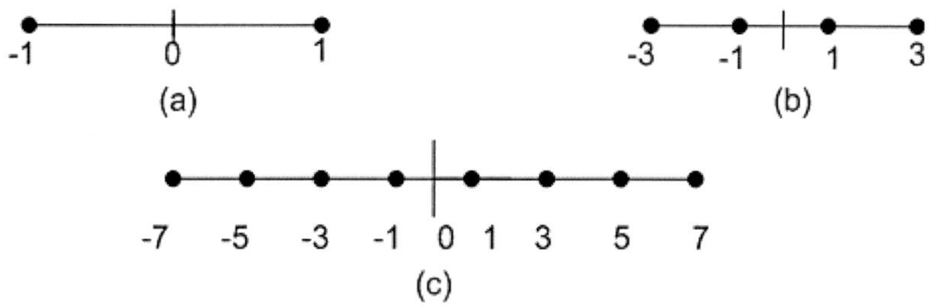

[그림 3.8] ASK 성상도 (a) 2-ASK, (b) 4-ASK, (c) 8-ASK

(3) 위상 천이 변조

위상 천이 변조(Phase Shift Keying, PSK)는 반송파의 위상을 변화시키고 진폭은 일정하게 유지하면서 정보를 전송하는 방식이다. 따라서 PSK 변조는 상 진폭 변조(constant amplitude modulation, CAM)라고도 한다. 〈식 3.6〉은 PSK의 반송파 파형을 보여준다. 변조는 항에 의해서 수행된다.

$$s(t) = \cos(\omega_c t + \Phi_k) \qquad 〈식\ 3.6〉$$

CAM 방식은 PAPR이 실제로 1이 된다는 장점이 있다. 그러나 이는 단일 반송파 시스템에서만 가능하다. 비록 각각의 부반송파가 일정한 진폭을 갖지 않게 되기 때문이다. CAM을 사용하여 얻는 또 다른 이점은 송수신단에서 RF설계가 간단해 진다는 것이다. OFDM 신호는 일정한 진폭을 갖지 않기 때문에 CAM을 사용한 OFDM 시스템의 이점은 없다.

[그림 3.9]는 (a) 2-PSK 또는 이진 PSK(BPSK), (b) 4-PSK 또는 직교 PSK(QPSK), (c) 8-PSK의 예를 보여준다. BPSK는 2-ASK와 동일하다. 이 그림은 PSK 변조가 Inphase(I) 와 Quadrature(Q) 반송파를 어떻게 사용하는지 보여주고 있으며 이 경우 변조는 이차원에서 이루어진다. 성상도에 있어서 차원이 증가하면 성상점의 개수가 증가하고 성능의 개선이 이루어진다.

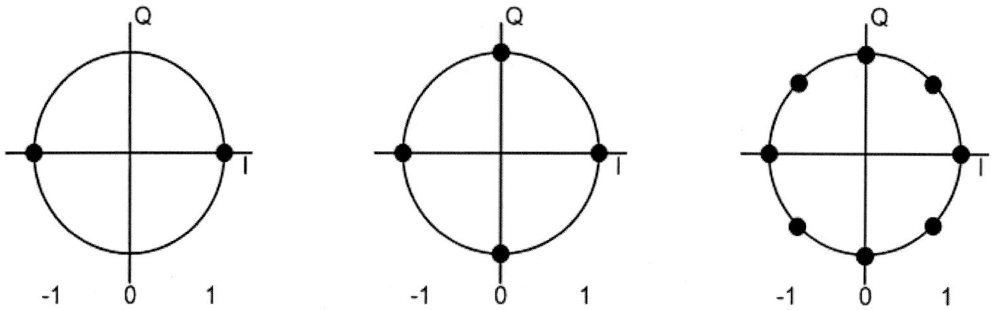

[그림 3.9] PSK 성상도 (a) BPSK, (b) QPSK, (c) 8-PSK

(4) 직교 진폭 변조

직교 진폭 변조(Quadrature Amplitude Modulation 이하 QAM)는 반송파의 위상과 진폭을 모두 변화시키며, ASK와 PSK의 조합으로 만들어진다. 〈식 3.7〉은 I와 Q 반송파 모두 변조하는 IQ 형태의 QAM 신호를 보여준다. 〈식 3.8〉은 QAM에서의 진폭과 위상이 어떻게 변조되는지를 보여준다.

$$s(t) = I_k \cos(\omega_c t) - Q_k \sin(\omega_c t) \qquad \text{〈식 3.7〉}$$

$$s(t) = A_k \cos(\omega_c t + \phi_k) \qquad \text{〈식 3.8〉}$$

〈식 3.8〉에서 위상과 진폭의 항은 〈식 3.9〉와 〈식 3.10〉으로부터 계산된다.

$$A_k = \sqrt{I_k^2 + Q_k^2} \qquad \text{〈식 3.9〉}$$

$$\phi_k = \tan^{-1}(\frac{Q_k}{I_k}) \qquad \text{〈식 3.10〉}$$

[그림 3.10]은 QAM 성상도 (a) 4-QAM 또는 QPSK, (b) 8-QAM, (c) 16-QPSK을 보여준다. 여기서 QPSK와 16-QAM은 매우 자주 사용되는 변조방식이다. 반면에 8-QAM은 대칭되지 않는 다소 부자연스런 모양 때문에 자주 사용되지 않고 반드시 필요한 상황에서만 사용된다. 8-QAM의 모양은 [그림 3.10]의 (b)와 같은 형태 외에도 여러 모양이 있을 수 있다.

성상점(constellation)에 비트의 패턴을 부여할 경우 선택된 비트 표시 방식(labeling scheme)에 따라 성능이 달라지게 되므로 비트 패턴이 최적화 되어야 한다. [그림 3.11]은 16-QAM 성상점에 비트 패턴을 할당하는 일반적인 방식을 보여주고 있다. 이 그림에서 (a)는 자연적인 순서로 표시하였고 (b)는 Gray 부호화된 표시 방식을 사용하였다. [그림 3.11]에서 성상점의 위에는 십진수로 표시하였고, 아래에는 이에 해당하는 이진수로 표시하였다. 자연적

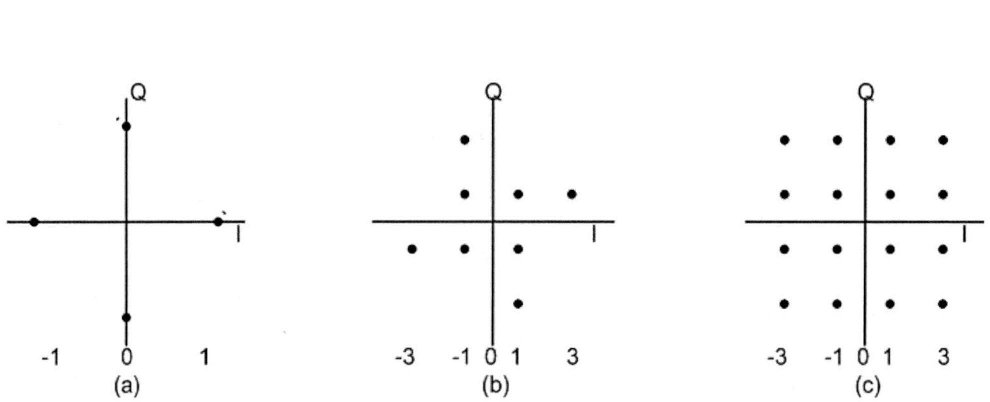

[그림 3.10] QAM 성상도 (a) 4-QAM, (b) 8-QAM, (c) 16-QPSK

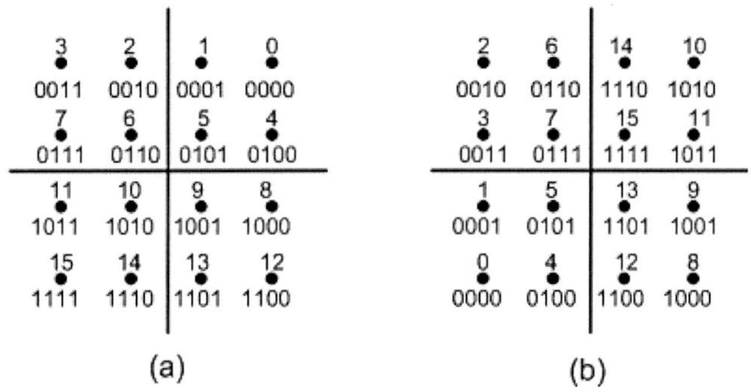

[그림 3.11] 16-QAM의 성상점 (a) 자연적 순서, (b) Gray 부호화

순서에 의한 표시는 0에서 15까지의 성상점에 십진수를 사용하여 자연스럽게 할당하는 방식이다. 그러나 이러한 자연적 순서에 의한 표시 방식은 성상점을 표현하는 실제의 비트 패턴 상에서 아래의 단점을 갖고 있다.

예를 들어, 1로 표시된 성상점이 전송됐으나 2로 수신 받은 경우의 오류를 생각해 보자. 이러한 인접 성상점 사이의 오류는 수신단에서 있을 수 있는 가장 일반적인 오류이다. 이 때 1(0001)과 2(0010)로 표현되는 비트 패턴을 살펴보면 하나의 심볼 당 두 비트를 잘못 수신한 결과가 되므로 두 비트의 오류가 발생한다. Gray 부호화는 인접 성상점 사이의 심볼 오류가 발생한 경우 한 비트의 오류가 발생하게 되어 동일한 심볼 오류율에 대해서 비트 오류율이 감소하게 된다. Gray 부호화된 성상도에서 14(1110)과 6(0110)의 예를 보면 가장 왼쪽의 비트만이 틀리다는 것을 알 수 있다. IEEE 802.11a와 HiperLAN/2에서 사용되는 모든 성상도는 Gray 부호화를 규격으로 하고 있다.

3.5.4.2 동기 변조의 검출

수신단은 필수적으로 요구되는 모든 동기화를 수행한 후에 실제로 무엇을 수신했는지를 결정하는 과정을 수행한다. 이 과정은 수신된 심볼이 어떠한 전송 비트와 가장 유사한지를 결정하는 검출기(detector)나 복조기(demodulator)에 의해서 수행된다. 판정(decision)은 각각의 전송된 비트에 대해 얼마나 많은 정보가 제공되느냐에 따라 경판정(hard decision)과 연판정(soft decision)으로 나눌 수 있다.

(1) 경판정 검출

경판정(hard decision) 복조기 또는 슬라이서(slicer)는 0 또는 1의 비트가 전송됐는지 여부만을 판단한다. 따라서 복조기의 출력은 0과 1만이 나올 수 있다. 또한 경판정 복조기는 송신단 변조기의 입력의 수로서 정의되기도 한다. 만일 송신단 변조기 입력의 경우의 수와 수신단 복조기 출력의 경우의 수가 같다면 복조기는 경판정을 이용하는 것이다. 만일 복조기가 송신단 변조기 입력의 경우의 수보다 더 많은 정보를 출력한다면 그 시스템은 연판정을 사용하는 것이다.

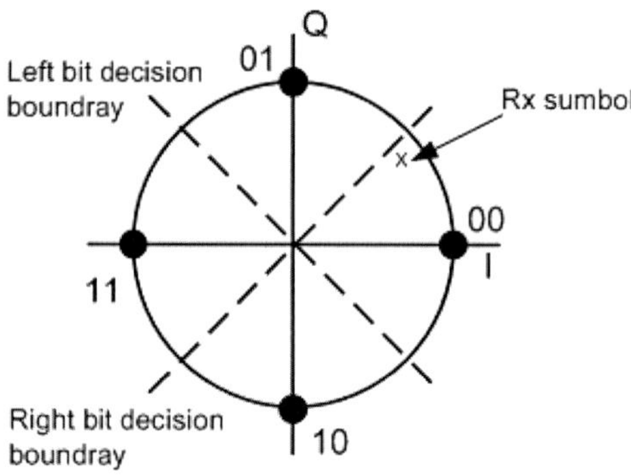

[그림 3.12] QPSK 성상도의 경판정 경계 영역

[그림 3.12]는 QPSK 성상도의 판정 경계영역(decision boundary)을 보여주고 있다. 판정 경계영역을 이용하여 수신된 심볼이 어떻게 비트로 대응되는지를 결정하게 된다. 기본적으로, 최대 근산 판정(maximum-likelihood decision)은 수신된 심볼에 가장 근접한 성상점을 판정하는 것이고, 경판정은 성상점에 할당된 비트를 결정한다. 예를 들어, [그림 3.12]에서 Rx symbol로 표시된 부분은 수신 심볼의 위치를 나타낸다. 이 점은 양의 축상의 성상점에 가장 근접해 있기 때문에 경판정 비트는 00이 된다.

(2) 연판정 검출

연판정(soft decision) 복조기는 "soft"한 비트를 출력으로 내보낸다. 이는 판정의 신뢰성에 대한 정보를 포함하고 있는 0과 1을 출력한다는 것을 의미한다. 이러한 추가 정보는 채널 부호화의 성능을 크게 향상시키며 그 영향을 "채널 부호화"에서 설명할 것이다. 연판정을 수행하기 위해서 복조기는 수신된 각각의 비트를 고려해야 한다. [그림 3.12]에 있는 수신 심볼을 살펴보면 표시된 부분이 비트 00과 01에 해당하는 심볼 사이의 판정 경계에 가깝게 위치하는 것을 확인할 수 있다. 왼쪽의 비트가 1로 바뀌기 위해서 심볼은 좌측 비트 판정 경계(left bit decision boundray)를 가로질러야만 한다. 수신 심볼은 이 경계에서 멀리 떨어져 있기 때문에 왼쪽 비트는 큰 신뢰을 갖고 있다. 반면에 수신 심볼이 우측 비트 판정 경계(right bit decision boundray)의 밑이 아니라 위에 있다면 오른쪽 비트는 0에서 1로 변할 것이다. 이러한 변화는 약한 잡음에도 민감하게 반응하는 것이므로 오른쪽 비트는 큰 신뢰성을 갖고 있지 않다. 이러한 신뢰성에 대한 차이를 반영하기 위해서, 연판정에서는 첫 번째 비트를 표현할 때 큰 절대값을 사용하고 두 번째 비트를 표현할 때 작은 절대값을 사용한다. 연판정의 부호로는 0 또는 1을 사용하며, 각각의 연판정의 절대값은 판정 경계까지의 거리를 뜻한다. "채널 부호화" 절에서 IEEE 802.11a에서 사용되는 콘벌루션 오차 정정 부호화의 연판정과 경판정의 성능을 분석한다.

3.5.4.3 비동기 변조

비동기 변조(non-coherent modulation)는 송신단과 수신단 사이에 위상이 맞추어져 있지 않는 시스템이다. 이는 수신된 심볼이 전송된 심볼과는 다르게 임의로 회전되고 감쇄될 수 있음을 의미한다. 따라서 ASK, PSK, QAM 변조는 수신된 심볼이 송신한 위상과 진폭에 가까운 위상과 진폭을 갖고 있어야 하므로 비동기 변조에서 사용될 수 없다. 그러므로 비동기 변조 방식으로 차등 PSK(Differential PSK 이하 DPSK)나 차등 APSK(Differential APSK 이하 DAPSK) 변조가 사용된다. 차등 변조 방식은 전송되는 정보를 하나의 심볼에서 다음 심볼까지 변화하는 위상, 혹은 위상과 진폭의 변화로 부호화한다. 이러한 부호화 기법을 사용할 경우 전송되는 심볼이 전 심볼에 따라 변하기 때문에 신호에 기억성(memory)이 생기게 된다. 따라서 복조기는 판정과정에서 두 연속하는 심볼을 함께 고려해야 한다.

차등 부호화를 사용하면 수신기의 구조가 간단해진다. 비동기식 수신기는 동기화 알고리즘을 필요로 하지 않으며, 반송파 위상과 채널의 영향에 관한 절대 정보를 필요로 하지 않기 때문에 위상 추적(phase tracking)과 채널 추정(channel estimation)의 과정이 필요 없다. 만일 시스템이 부반송파 사이의 직교성 상실로 인해 발생되는 ICI에 어느 정도의 인내성(tolerance)을 갖고 있다면 반송파 주파수 추정 과정도 필요없게 된다. 그러나 비동기식 변조는 수신단 설계과정이 간단해짐에도 불구하고 고속의 통신 시스템에서 널리 사용되지 않는다. 모든 IEEE 802.11a와 HiperLAN/2 변조는 동기식인데, 그 이유는 차등 방식을 사용한 경우 성능의 손실이 발생하기 때문이다. 반면에 저속 통신 시스템에서는 DPSK 차등 변조 방식을 종종 사용한다. 예를 들어 DAB 시스템은 차등 변조 방식을 사용한다.

(1) 차등 위상 천이 변조

차등 위상 천이 변조(Differential Phase Shift Keying, DPSK)는 데이터 비트에 따라 현재의 반송파 위상값으로부터 위상을 변화시킨다. 이진 DPSK의 경우, 부호화 과정은 비트 단위에서 이루어지며, 전송되는 비트는 데이터 비트의 이진 XOR 연산을 통해 이루어진다. DPSK는 반송파 위상의 변화로써 직접 표현되기도 한다. DPSK는 간단한 수신기 구조가 필요한 통신 시스템에서 사용된다. M-DPSK 변조의 성상도는 M-PSK에 해당하는 성상도와 동일하고 단지 성상점에 대한 비트의 할당이 다르다.

(2) 차등 진폭 위상 변조

차등 진폭 위상 변조(Differential Amplitude Phase Modulation 이하 DAPSK)는 차등 위상 변조와 차등 진폭 변조를 합한 형태를 갖는다. [그림 3.13]은 위상 변조를 위해 세 비트 혹은 8가지 레벨을 사용하고, 진폭 변조를 위해 두 비트 혹은 4가지 레벨을 사용하는 32포인트 DAPSK를 보여준다. 차등 위상 변조는 일반적인 DPSK와 유사하다. 반면에 차등 진폭 변조에서는 동기식 진폭 변조와 달이 성상도의 모양이 변하게 되는데, 그 이유는 송신되는 심볼의

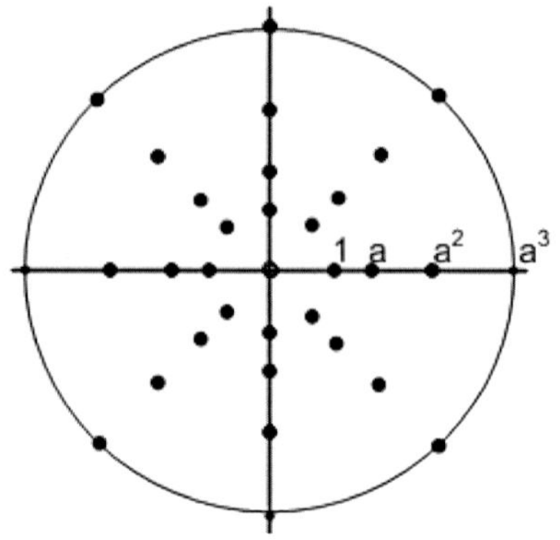

[그림 3.13] 32점 차등 진폭 위상 변조의 성상도

진폭이 채널에 의해서 얼마나 변하는지를 알 수 없기 때문이다. 즉, 수신단에서 채널에 의해 송신 심볼이 얼마나 감쇄되는지 알 수 없으면 심볼을 정확히 검출할 수 없다.

채널은 곱의 형태로 영향을 미치기 때문에 가산성(additive)의 차등 진폭 변조를 사용하는 것은 어렵지만, DPSK의 경우에는 수신 심볼 위상에서의 채널의 영향이 가산적이므로 채널의 영향이 나눗셈(division)이 아닌 감산(subtraction)에 의해서 상쇄될 수 있다. 이러한 영향으로 중앙에 있는 성상점들은 최소거리가 감소되어 바깥쪽의 진폭 레벨에 있는 성상점과 달리 성능이 열화하게 된다.

(3) 차등 변조의 검출

차등 변조(differential modulation)의 검출은 두 단계로 이루어진다. 먼저 차등 부호가 신호로부터 제거된 후, 보통의 PSK와 QAM 성상도에서 설명된 일반적인 복조가 수행된다. 차등 검출에서는 두 심볼이 사용되므로 검출된 심볼 당 잡음의 양이 대략 두 배가 된다.

동기식 변조와 비교했을 때 DPSK의 성능 손실은 성상도의 크기에 따라 변하는데, DBPSK의 경우는 1~2dB, DQPSK의 경우는 대략 2~3dB, 더 큰 성상도일 경우에는 3dB 정도가 된다.

3.5.4.4 선형과 비선형 변조

변조 방식은 일반적으로 선형 변조(linear modulation)와 비선형 변조(nonlinear modulation)로 구분된다. 비선형 변조는 일반적으로 차등 변조와 같이 변조기에 메모리가 포함되어 있어서 전송되는 심볼이 독립적이지 못하고 전송되는 파형을 만들기 위해서 간단히 지연후합으로써 이루어 질 수 없다. 따라서 차등 변조는 비선형 변조의 예이며, 또 다른 예로 연속 위상 변조(Continuous Phase Modulation 이하 CPM)를 들 수 있다. CPM은 반송파 파형의 위상이 심볼 사이에서 연속적으로 변함으로써 전송되는 심볼의 스펙트럼을 제어한다. CPM에서는 심볼 사이의 변화가 반송파 위상 제어를 하지 않은 경우보다 작기 때문에 신호의 스펙트럼이 좁게 된다. 이러한 CPM 방식은 OFDM에 적합하지 않은데, 그 이유는 OFDM의 스펙트럼 형태가 다중 반송파 특성에 의해 결정되어 직사각형과 같은 형태를 갖기 때문이다. CPM을 OFDM에 적용하기 힘든 또 다른 이유는 신호가 모든 부반송파에 대해서 연속적인 위상을 가져야 하기 때문이다. OFDM 시스템에는 일반적으로 cyclic prefix가 삽입되기 때문에 이러한 과정을 수행하는 것은 어렵거나 불가능하다. 따라서 CPM은 OFDM 시스템에서 사용되지 않는다.

04 스마트그리드 무선통신 시스템

이번 장에서는 스마트그리드에서 이용될 수 있는 무선통신 기술에 대해 알아보고, 각 기술의 특징에 대해 설명한다. 스마트그리드에서 이용될 수 있는 무선통신 기술에는 무선 근거리 통신망(Wireless Local Area Network, WLAN), Cellular, ZigBee 등이 있다. 3장에서 PLC를 이용한 스마트그리드의 유선통신 시스템에 대해 설명했는데, 유선망과 더불어 위의 무선통신 기술을 이용하여, 지능형 에너지 관리뿐만 아니라 스마트그리드를 이용한 홈 네트워크 구성에도 응용할 수 있다.

4.1 무선 근거리 통신망(Wireless Local Area Network, WLAN)

IEEE 802.11 표준 기반의 무선 근거리 통신망(Wireless Local Area Network, WLAN) 방식은 안정적이고 고속의 점 대 점(point-to-point) 및 점 대 다중점(point-to-multipoint) 통신을 제공한다. 다수의 사용자가 동일한 주파수 대역을 사용하여 통신을 할 때, 사용자 간의 간섭을 최소화하기 위해, IEEE 802.11 표준에서는 확산 스펙트럼(spread spectrum) 기술을 채택했다. IEEE 802.11 표준에서는 WLAN을 위한 세 개의 비상호운용기술을 제안한다. 주파수 도약 확산 스펙트럼(Frequency Hopping Spread Spectrum, FHSS), 직접 수열 대역 확산(Direct Sequence Spread Spectrum, DSSS) 및 1-2Mbps의 데이터 전송속도를 갖는 적외선(Infrared, IR) 방식이 IEEE 802.11 표준에서 제안하는 기술 방식이다. Wi-Fi라고도 부르는 DSSS 변조 기법을 사용한 IEEE 802.11b 표준은 11Mbps의 최대 데이터 전송속도를 갖고, 2.4GHz의 주파수 대역을 사용한다. 또한, 현재 사용중인 IEEE 802.11a 및 IEEE 802.11g 표준 기술은 54Mbps의 최대 데이터 전송속도를 지원한다. 직교 주파수 분할 다중화(Orthogonal Frequency Division Multiplexing) 변조기법을 적용한 IEEE 802.11a 표준 방식은 5GHz의 주파수 대역을 사용하는 반면, 향상된 WLAN 방식으로 알려진 IEEE 802.11g 표준 방식은 DSSS 변조기법을 적용하여, 2.4GHz의 주파수 대역에서 동작한다. 다중 입출력(Multiple Input Multiple Output, MIMO) 기술 기반의 IEEE 802.11n 표준 방식은 최대 600Mbps까지 데이터 전송 속도를 향상시킬 수 있다. WPA-2라고 알려진 IEEE 802.11i 표준 기술은 고급 암호화 표준(Advanced Encryption Standard, AES)을 사용하여 WLAN의 사이버 보안을 강화했다. WLAN의 구축은 유선 LAN과 비교하여 설치가 간단하고, 저렴하며 편리한 이동성 등의 다양한 이점을 제공한다.

4.1.1 WLAN의 특징

- 설치, 유지보수, 재배치 간편 : 간단한 장비 Setting만으로 기존 네트워크에 Migration이 용이하다.
- 긴급, 임시 Network 구축 필요 시 효율적으로 설치 가능 : Network 설치의 시간적, 공간적 효율성이 제공된다.
- 유선 연결이 어려운 곳의 Cabling 문제가 해결된다. ← 도로에 인접 건물 간, 내부 이동이 잦은 부서 등
- 단말의 이동성 보장, Network의 확장성이 용이하다. ← Cabling 문제없이 단말 이동 및 배치가 자유로움
- 재해 시 Network 단절문제가 해결된다. ← 무선 LAN을 이용한 긴급 네트워크 구축 가능
- ISM(Industrial Scientific Medical) Band 사용으로 전파사용료가 없다.

4.1.2 WLAN의 종류

WLAN의 종류에는 IEEE와 ETSI에서 발표한 IEEE 802.11 기반의 IEEE 802.11, IEEE 802.11a/b/g/n/ac 표준이 있다. 다음 표에서 각 표준들의 주파수 대역 및 데이터 전송률 대해 비교하여 정리했다.

[표 4.1] WLAN의 비교

구분	주파수 대역	최대 데이터 전송률
IEEE 802.11	2.4GHz	1~2Mbps
IEEE 802.11b	2.4GHz	11Mbps
IEEE 802.11a	5GHz	54Mbps
IEEE 802.11g	2.4GHz	54Mbps
IEEE 802.11n	2.4GHz	600Mbps(MIMO 적용시)
IEEE 802.11ac	2.4GHz, 5GHz	1Gbps 이상

4.1.3 유선 LAN과 WLAN의 비교

유선 LAN의 단점은 WLAN이 처음 등장한 후 지금까지 유선 LAN은 그 가치를 충분히 발휘하며 별 문제점을 노출하지 않았다. 그러나 80년대 이후부터 그 한계를 드러내기 시작하였다.

우선, 유선 시스템 고유의 특성 때문에 망의 변경, 증설에 많은 어려움이 따랐고 이에 따른 경비 역시 적지 않게 되었다. 아울러 이동 통신 시대에 부응할 수 없는 것 역시 유선 LAN의 본질적인 취약점이라 할 수 있다. 시스템 배치의 변경 시 문제 시스템 배치의 변경은 주어진 실내 환경에 따라 케이블 재연결의 번거로움 내지는 연결 자체의 어려움을 초래할 수 있다. 즉 좁은 공간에서 여러 가지 제한을 받으며 케이블 배선을 하려면 상당한 배려가 요구된다. 이러한 실질적인 측면 외에도 시스템의 배치 변경 때문에 발생하는 시스템의 다운(down) 시간에 의한 경제적 손실 역시 유선 LAN이 지니고 있는 문제점이라 할 수 있다. 이러한 문제점들은 시스템의 증설 시에도 존재한다. 더욱이, 국내의 상당수의 건물들이 오래 전에 건립되어서 케이블 등의 추가 배선 등을 고려할 경우 어려움이 따르게 된다. 휴대용 시스템에의 적용 문제 유선 LAN은 근본적으로 케이블의 길이에 묶여 있는 시스템이다. 따라서 이러한 특성에 의하여 활용 반경이 제한되고 휴대용 시스템에는 적용이 불가능하다. 이는 앞으로의 이동 통신의 활성화와 LAN의 이동 통신 시스템과의 접목을 고려할 때 단점이 된다. 시스템 신뢰도 문제에서 유선 LAN에서의 장애 발생은 의외로 송 · 수신부가 아닌 전송 매개체인 케이블 자체에서 생기는 경우가 빈번하다. 케이블의 노화 현상 혹은 환경에 의한 케이블 상태의 품질 저하는 시스템 전체의 신뢰도를 저하시키는 요소가 될 수도 있다.

WLAN의 장 · 단점 중 장점으로는 손쉬운 설치 및 신속한 네트워크 구축, 배선 불필요, 자유로운 단말기 설치, 단말의 이동이 가능, 유지보수가 단순하다는 것이고 단점으로는 유선 LAN에 비해 속도가 느림, 유선 LAN 접속카드에 비해 WLAN 접속카드는 고가라는 단점이 있다. 또한 유선 LAN에서는 Cabling의 문제(설치, 유지보수, 재배치, 이동성)가 대두되고, 스마트 디바이스 사용자의 증가로 인한 Mobility의 중요성이 대두되면서 WLAN이 요구되었고, 여러 가지 재해로 인한 네트워크 단절문제를 극복하기 위하여, 임시 네트워크 구축의 필요성 증대(전시회, 세미나, 가건물, 건설 현장 등) 등으로 인하여 필수 불가결로 WLAN이 등장하였다. WLAN은 설치 속도가 빠르고 간단하며, 설치가 가변적이고, 이동성이 좋으며, 사용자는 비용을 절감시킬 수 있으며, LAN에 연결하는 PC 대수를 자유롭게 설치 할 수 있는 장점들을 가지고 있다.

4.1.4 WLAN 기술의 해결 과제

WLAN 기술의 해결 과제는 다음 4가지로 분류할 수 있다. 첫 번째는 유선 LAN 기술과 비교하여 상대적으로 신뢰성이 떨어진다는 점이다. 두 번째는 고압에서 발생하는 전자파 간섭으로 인해 데이터 전송 속도가 저하된다는 점이다. 세 번째는 무선기기의 주파수 간섭으로 인해 기기의 동작에 영향을 미칠 수 있다는 점이다. 마지막으로 산업환경에서 WLAN 장비의 가용성이 제한적이라는 것이다.

4.2 셀룰러(Cellular)

이동통신의 시작은 1900년, 1895년에 이탈리아의 마르코니(Gugliomo Marconi)가 발명한 것으로, 전선을 사용하지 않고 전자기파를 이용하여 전신을 주고받는 통신 방식인 무선전신이 대서양을 사이에 두고 신호 전달이 가능하게 됨으로써 시작되었다.

마르코니는 1896년, 독일의 헤르쯔(Heinrich Hertz)가 실험으로 증명한 맥스웰의 전자기파 복사원리를 토대로 모르스 부호에 따라 전류를 이용하여 기본적인 무선 송 · 수신 실험을 성공하였다. 이 후, 마르코니는 영국과 해외에서 상당한 대중적 관심을 받으며 대서양을 사이에 둔 유럽과 미국의 무선전신 실험을 계획하게 된다. 1900년 10월, 마르코니는 유럽과 미국 간 무선전신 실험에 앞서 먼저 영국과 아일랜드 간의 실험을 하였다. 대서양이 바라보이는 영국의 콘월에 거대한 발신소를 건설하여 360km의 통신 실험에 성공한 것이다. 마침내 준비를 끝내고 마르코니는 대서양 저편의 캐나다 뉴펀들랜드라는 섬에서 120m 높이에 기구를 띄워 미리 정했던 신호를 들을 수가 있었다. 마침내 2800km의 대서양 횡단 통신이 성공한 것이다.

마르코니가 무선전신의 역사적인 대서양 횡단에 성공한 이 후 6년 만에 캐나다 출신의 미국인 파센딘(Paendin)에 의해 무선전화로 발전하였다. 젊었을 때 에디슨의 조수였던 파센딘은 마르코니에 의해 행해진 바와 같이 전기를 고전압에서 단속적으로 불꽃 방전시켜 발생시킨 전파로는 음성을 태워 먼 곳에 전달할 수 없었으므로, 지속전파를 발생할 수 있는 주파수발생기를 완성하였다. 이어서 1907년 미국인 포레스트(L. D. Forest)에 의해 발명된 3극 진공관은 정류, 검파는 물론 증폭이라는 획기적인 기능까지 갖추어 무선통신의 발전에 획기적인 발전을 가져오게 되었다.

그러나 1916년 이전까지는 실제적인 의미의 무선통신이 아니고 모르스 부호를 유선이 아닌 무선을 이용하여 보내는 방식이었다. 1916년에 미국 버지니아 주에 위치한 해군연구소 무선국에서 최초의 실제적인 진폭변조방식(AM : Amplitude-Modulated Signal)의 신호를 보냈으며, 대서양 해안에서 모르스 부호가 아닌 음성을 수신하였다. 드디어 1916년 이후에서야 무선통신을 상업적으로 이용할 수 있는 길을 열게 되었다.

무선통신의 상업적 이용이 이동 통신이라고 볼 수 있는데, 이동 통신의 역사는 1900년 초에 해상선박의 안정운행, 긴급통신용으로 무선전신이 사용되기 시작하여, 제 1차 세계대전 후에는 무선전신에서 무선전화로, 제2차 세계 대전 후에는 해상용에서 육상용으로 발전하여 왔다. 이들 이동 통신 중에서 최근 각광받으며 주목받고 있는 것이 차량 및 휴대용 이동전화이다.

세계 최초의 차량전화시스템은 1921년 미국 디트로이트 경찰국의 순찰차에 설치 사용한 이동라디오 서비스(Mobile Radio Service)로 전화기의 부피가 커서 사용이 불편하고, 자동차 전지를 과다하게 소모시키는 비효율적인 장치였으나 무선이동전화방식의 필요성에 의해 미국의 모든 순찰차와 소방차에 사용하였다. 초기의 서비스는 전화기를 이용했다기보다는 무전기를 이용했다고 보는 편이 어울리며, 직접 다이얼을 돌릴 수 없었고 교환을 통하여 상대방과 통화가 가능했다. 실제 일반 개인이 자동차에서 외부사람들과 통화할 수 있는 최초의 이동전화서비스는 1946년 미국의 세인트루이스에서 시작된 150MHz대의 수동 접속식 서비스로 어느 도시에서나 6명만 동시에 통화할 수 있는 제한된 3개의 채널을 사용하였기 때문에 통화시간을 많이 점유할 수 없었고 한 쪽에서 말할 동안에는 상대편이 말을 하더라도 한 쪽에서는 들을 수 없었으며, 상대방 말 중간에 끼어들어 말할 수도 없어서 통화자가 교대로 대화를 나누어야 하는 단방향 방식(Simplex push-to-talk)의 시스템이었다.

미국 AT&T사의 벨연구소에서는 채널의 수가 제한되어 도심 지역에서는 이동전화를 사용하기 위하여 대기 순서를 정해야했으며 통화자가 자신이 속해있는 무선 기지국에서 멀리 떨어질수록 혼신도 심해지고 통화가 곤란하였으며 다른 무선기지국에서는 전혀 서비스가 불가능한 문제점을 해결하기 위해 1947년부터 개발하여 마침내 자동 교환식 이동통신 시스템이 개발되었다. 1964년 개발된 자동 교환식 이동 통신 시스템인 150MHz 대역의 IMTS(Improved Mobile Telephone System) 방식은 이동 통신의 새로운 시작을 알리게 되었고 전자기술의 발달과 함께 더불어 급속히 발전하게 된다. 1969년에서는 450MHz 대역에서 500W의 출력으로 300km 반경을 서비스하였다. 하지만, 채널수와 거리에 따른 혼신 문제를 해결하지 못했다.

이런 문제점들을 해결하기 위해, 서비스 지역을 하나의 세포 형태로 분할하여 소형 송신 전력 기지국을 설치하여 통신망을 구성, 운용하는 Cellular 방식의 이동 전화가 1978년 미국의 AT&T사에 의해 800MHz 대역에서 AMPS 방식으로 개발되었다. 이후 1979년 일본의 NTT 방식, 1981년 스웨덴의 NMT-450 방식, 1983년 미국의 AMPS 방식의 서비스가 시작되었으며 우리나라에서도 1984년 최초로 AMPS 시스템에 의해 서비스가 시작되었다. 이렇게 시작된 Cellular 통신이 현재 LTE 및 LTE-A를 사용하는 4세대 이동통신으로 진화하여 전 세계적으로 사용되고 있다. 이러한 세계적인 추세에 따라 스마트 그리드에서도 유선 전력망과 LTE 망을 결합하여 스마트 그리드 홈 네트워크를 구축하는데 사용할 수 있다.

4.2.1 3GPP의 LTE 표준화

기존의 이동통신망에서는 음성이나 단문의 문자 메시지 정도의 데이터만 전송하는 서비스만 이루어졌지만, IT 기술의 발전에 따라 사진, 동영상 등의 멀티미디어 서비스가 이루어져 점점 고 용량의 데이터로 변화하게 되었고, 그에 따라 이동통신도 멀티미디어 서비스를 위한 고속 전송 기술로 진화하게 되었다.

이에 따라 3GPP는 해당 부분에서의 경쟁기술들과 비교하였을 때 경쟁력을 높이기 위해 고품질의 서비스를 제공하면서도 비용을 획기적으로 줄일 수 있는 무선 전송기술개발을 목적으로 "Evolved UTRA and UTRAN"이라는 연구 과제를 2004년 말에 착수하였다. 이 Long Term Evolution(LTE) 과제는 기존의 무선 접속 기술과 비교하여 비용을 획기적으로 줄이면서도 현재의 유선 접속에서 제공하는 성능을 뛰어넘는 발전된 무선 접속 기술 개발을 목표로 한다.

LTE에 대한 3GPP의 작업은 지난 2004년 11월 캐나다 토론토에서 개최된 RAN Evolution Workshop에서 시작되었다. 3GPP는 사용자의 요구를 만족시키기 위해 커버리지 확장 및 시스템 용량 개선뿐 아니라 데이터 전송률과 지연 감소를 통해 사용자와 사업자의 비용을 줄이고 제공되는 서비스 품질을 개선하는 LTE 목표 달성을 위한 다음과 같은 상위 레벨 요구사항을 정의하였다.

- 비트 당 비용 감소
- 서비스 가용성 증대 - 보다 다양한 서비스를 보다 낮은 비용에 제공
- 융통성 있는 주파수 대역 사용
- 단순 구조와 개방형 인터페이스
- 터미널의 적절한 파워 소모

4.2.2 3GPP LTE의 표준 기술

4.2.2.1 3GPP LTE의 물리계층 표준 기술

(1) 기준 신호(Reference Signals)

하향링크 기준 신호는 PDSCH, PCFICH, PHICH, PDCCH 등의 코히어런트(coherent) 복조를 위한 파일럿 신호로 셀 내의 모든 UE가 공유하는 셀-특정(cell- specific) 기준 신호와 특정 UE만 사용하는 UE-특정(UE-specific) 기준 신호가 있다. 송신 안테나가 두 개일 경우 셀-특정 기준 신호로는 pseudo-random 시퀀스를 사용하고, 채널 추정은 자신의 할당 대역폭 이외의 주파수와 시간 영역의 기준 신호를 가지고 내삽(interpolation)과 평균화를 통해 이루어진다. 인접 셀 간에는 서로 다른 주파수에 기준 신호를 할당함으로 셀간 간섭을 최소화 하였다. 또한 복수 개의 안테나를 사용하는 경우, 기준 신호는 안테나 간 간섭이 없도록 직교자원에 할당하였다. 또한 하향링크 주파수 영역 스케줄링을 위해 UE는 셀-특정 기준 신호를 측정하여 CQI, PMI, RI의 정보를 eNB에 알려준다. UE-특정 기준 신호는 빔형성(beamforming)을 하는 UE의 코히어런트 복조를 제공하기 위해 이용되고, pseudo-random 시퀀스를 사용한다.

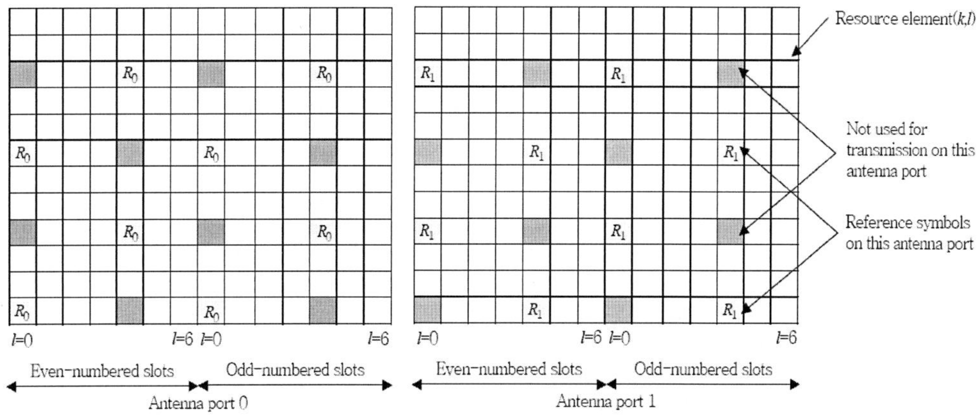

[그림 4.1] 송신 안테나가 두 개일 경우의 특정 기준 신호

상향링크 기준 신호는 PUSCH와 PUCCH의 코히어런트 복조를 위한 복조(demodulation) 기준 신호와 데이터 채널의 주파수 영역 스케줄링을 위한 sounding 기준 신호가 있다. 기준 신호로는 UE의 할당 대역폭이 세 개의 RB 이상인 경우에는 상관특성이 좋은 Zadoff-Chu 시퀀스를 사용하고, 할당 대역폭이 하나 또는 두 개의 RB일 경우에는 컴퓨터 생성(computer generation)을 통해 선택된 상관특성이 좋은 시퀀스를 사용한다. 기준 신호는 30개의 시퀀스 그룹을 가지고 있다. 각 셀에서 사용할 기준 신호의 특정 시퀀스 그룹은 17개의 호핑(hopping) 패턴과 30개의 시퀀스-천이(sequence-shift) 패턴을 통해 정해진다. 결국 시퀀스 그룹과 504개의 셀 ID와 일대일 관계를 갖게 하므로 셀 계획(cell planning)을 용이하게 하여 셀간 간섭을 최소화 하였다. 복조 기준 신호는 PUSCH, PUCCH의 할당 대역폭 전체를 사용하는데, PUSCH의 복조 기준 신호 심볼은 슬롯 당 1개이고, PUCCH의 복조 기준 신호는 슬롯 당 2개 또는 3개의 심볼을 사용한다.

(2) 제어 채널(Control Channel)

3GPP LTE 물리계층에서 사용하는 하향링크 제어 채널은 PCFICH, PHICH, PDCCH 세 가지가 있다. PCFICH는 PDCCH가 전송되는 OFDM 심볼의 개수 정보를 알려주는 채널로 PDCCH가 전송되는 OFDM 심볼의 개수는 1, 2, 3개 중의 하나이다. PHICH는 PUSCH의 ACK/NACK 전송을 위한 채널로 8개의 PHICH가 하나의 PHICH 그룹을 형성한다. 그룹 내의 PHICH는 직교 시퀀스를 통해 구별한다. PDCCH는 PDSCH 자원할당, PUSCH의 자원할당, 전력제어 정보 등을 알려주는 채널이다. PUSCH의 자원 할당에 필요한 세부 정보는 hopping flag, RB 할당, MCS, TPC, RNTI 등이고, PDSCH의 자원 할당에 필요한 세부 정보는 RB 할당, MCS, NDI, RV, HARQ process number, RV, TPC, RNTI 등이다. 전력제어에 필요한 세부 정보는 TPC bitmap, RNTI이다.

상향링크 제어 채널인 PUCCH의 용도는 크게 세 가지이다. 하나는 PDSCH의 ACK/NACK 전송, 다른 하나는 PDSCH의 주파수 영역 스케줄링을 위한 CQI 전송, 마지막으로 PUSCH의 자원 요청이다. CQI 전송에는 CQI 외에 추가로 PMI와 RI의 정보가 담겨 있다. 상향링크 제어 채널은 인접 셀 간섭에 강건하기 위해 모두 CDM 구조를 가지고 있다. 이 중에서 전송 심볼의 개수가 적은 ACK/NACK 전송과 자원 요청은 시간과 주파수 영역에서 2차원적으로 CDM을 한다. 반면 전송 심볼의 개수가 많은 CQI 전송은 주파수 영역에서 1차원적으로 CDM을 한다. 전체 대역폭 중에서 양쪽 끝에 위치하고, 주파수 diversity 이득을 얻기 위해 한 서브프레임 내에서 주파수 호핑을 한다.

(3) 다중 안테나 전송 기법

UE는 2개의 송신 안테나를 가지고 있지만 전력 증폭기는 하나만 사용하는 것을 가정하므로 상향링크에서는 안테나 선택 기법만 사용 가능하다. 반면 eNB는 4개의 안테나와 전력증폭기를 가지고 있어 하향링크에서 diversity 기법, 공간 다중화 기법 등을 사용할 수 있다.

Diversity 이득을 통해 링크 신뢰도를 높이거나 셀 반경을 확장할 수 있으므로, 모든 제어 채널과 고속으로 이동하는 UE의 데이터 채널 전송을 위해 적합하다.

또한, 공간 다중화(spatial multiplexing) 이득을 통해 전송률을 높일 수 있다. 공간 다중화는 개방루프(open-loop)와 폐루프(closed-loop) 공간 다중화 기법이 있는데, 모두 RI를 피드백 받아 전송 레이어(layer)와 부호어(codeword) 수를 결정한다. 레이어는 최대 4개, 부호어는 최대 2개까지 가능하다. 폐루프 공간 다중화 기법은 상향링크에서 피드백 해주는 PMI와 RI를 통해 채널에 적응적으로 프리코딩(precoding) 행렬을 결정하는 방법이다. 따라서 상대적으로 많은 피드백을 필요로 하여 셀 중심에 있고 저속으로 이동하고 국소(localized) 자원 할당을 받은 UE의 데이터 채널에 적합하다. 반면, 개방 루프 공간 다중화 기법은 RI만 이용해 프리

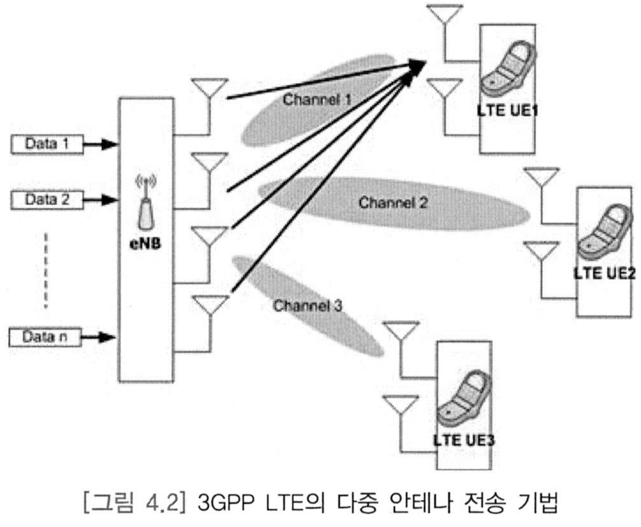

[그림 4.2] 3GPP LTE의 다중 안테나 전송 기법

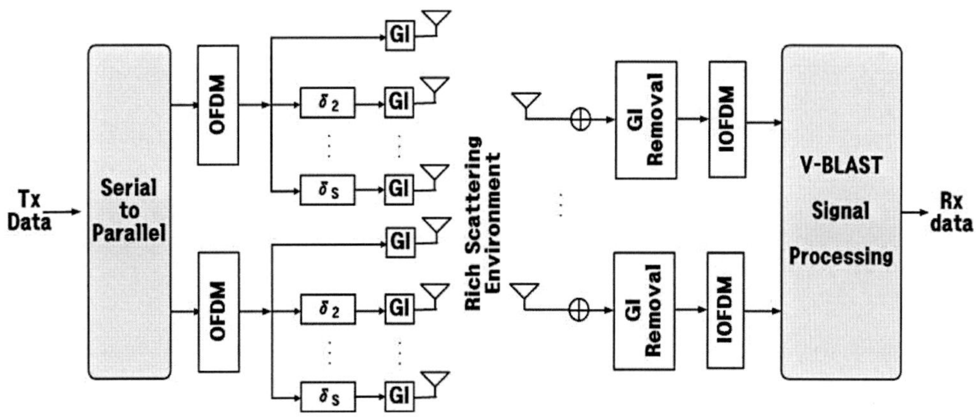

[그림 4.3] 공간 다중화 기법

코딩 행렬을 결정하는 방법이다. 상대적으로 적은 피드백만으로 공간 다중화가 가능하여 고속으로 이동하고 분산(distributed) 자원 할당을 받은 UE의 데이터 채널에 적합하다. 여기에서 개방루프 공간 다중화 기법에는 CDD 기술이 반영되어 있다. 이는 전송 레이어를 모든 가상 안테나에 분산하는 기술로, 피드백하는 CQI 양이 줄어들고, 피드백의 정확성에 강건한 장점을 가지고 있다.

4.2.2.2 3GPP LTE MAC계층 표준 기술

(1) 패킷 스케줄링

MAC 계층의 대표적인 특징은 WCDMA 시스템에 포함되었던 서킷 서비스 구조를 제거하고, 패킷 서비스만을 지원하도록 정의한 것이다. 이에 따라, MAC 계층에서 관리하는 트랜스포트 채널 구조와 채널 제어를 담당하는 MAC 엔티티의 복잡도가 줄어들었다. LTE 시스템의 논리/트랜스포트/물리 채널 매핑 구조는 [그림 4.4], [그림 4.5]와 같다.

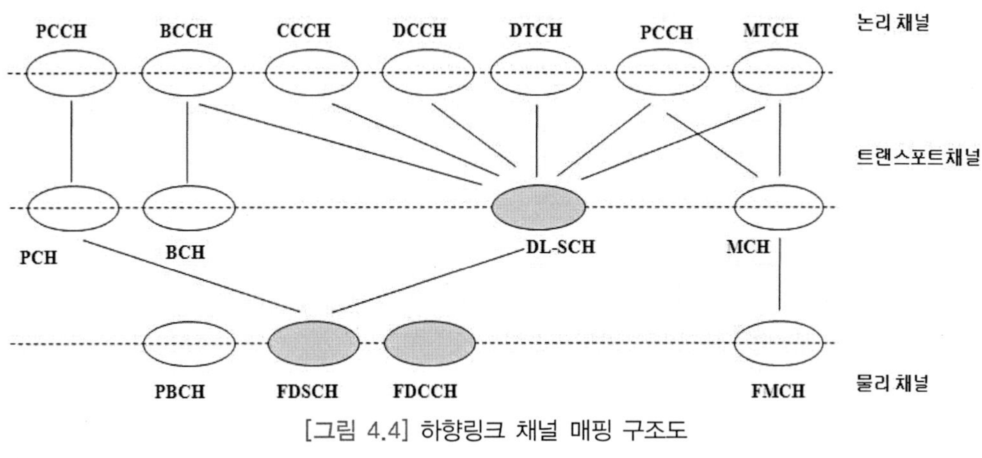

[그림 4.4] 하향링크 채널 매핑 구조도

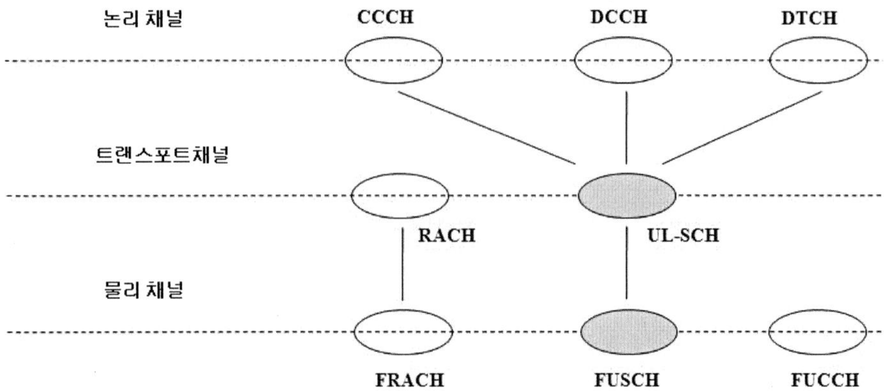

[그림 4.5] 상향링크 매핑 구조도

그림과 같이, DCCH/DTCH를 포함한 대부분의 논리 채널이 트랜스포트 채널 매핑 시에 공유채널(DL/UL-SCH)로 매핑되어 제어되기 때문에 무선 자원 관리의 유연성이 최대화 되었다. 상향링크 및 하향링크의 패킷 스케줄링(packet scheduling)은 eNB에서 수행하며, 패킷 스케줄러가 시스템 대역폭의 모든 무선 자원을 동적으로 관리할 수 있다. 또한, 물리 계층으로 1msec의 빠른 주기로 제어 정보 및 데이터를 전송하며, 스케줄링에 필요한 제어 시그널링이 MAC 계층 내부의 제어 메시지로 이루어지기 때문에 최적화된 자원 관리가 가능하다. LTE 규격은 패킷 기반 시스템에서 음성서비스를 효율적으로 제공하기 위하여 SPS 모드를 지원하며, 동적인 패킷 스케줄링은 1msec마다 무선 자원 할당을 관리하지만, SPS는 서비스 설정 시에 음성 데이터의 송신주기를 RRC에서 설정하고, 데이터 송신에 필요한 PDSCH/PUSCH 무선 자원을 고정 할당함으로써 음성 패킷이 음성 서비스에 맞게 주기적으로 송신되도록 한다. 이에 따라, 공유 채널을 동적 할당 할 때 필요한 PDCCH 사용량을 감소시킴으로써, 저속 데이터 송신 시에 제어 정보사용을 최소화 한다.

(2) DRX

DRX는 단말기의 전력 소모를 줄이기 위하여 단말기가 수신 동작을 중지하고 슬립(sleep)하도록 제어하는 기능이다. LTE 시스템은 무선 자원을 효율적으로 관리하기 위하여 RRC 상태를 [그림 4.6]과 같이 RRC_IDLE과 RRC_CONNECTED로 단순화 하였다. DRX 관점에서 LTE 시스템은 RRC_IDLE에서의 DRX 동작과 함께 RRC_CONNECTED 상태에서의 DRX 기능을 제공한다. 이에 따라, 단말기는 데이터를 전송하고 있는 상태에서도 DRX 동을 수행하기 때문에 단말기의 전력 소모를 대폭 줄일 수 있다.

DRX 동작 구조는 [그림 4.7]과 같으며, 단말기는 DRX 주기에 따라 on-duration과 DRX 동작을 반복한다. On-duration은 단말기가 wakeup하여 계속적으로 데이터 수신 동작을 수행하는 시간을 의미하며, DRX 주기는 on-duration을 반복하는 주기를 의미한다. 단말기는 eNB에서 지정한 on-duration 동안 PDCCH를 수신하는 동작을 수행하며, 지정된 시간 동안 유효한 제어 정보를 수신하지 않으면 DRX 동작을 수행하며 슬립한다.

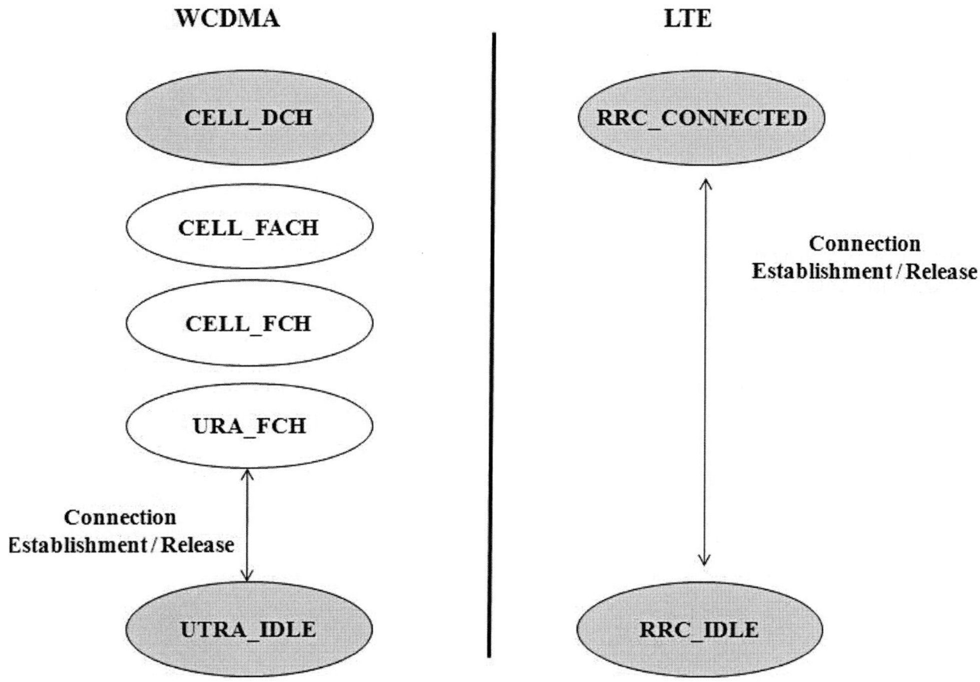

[그림 4.6] RRC 상태 관리

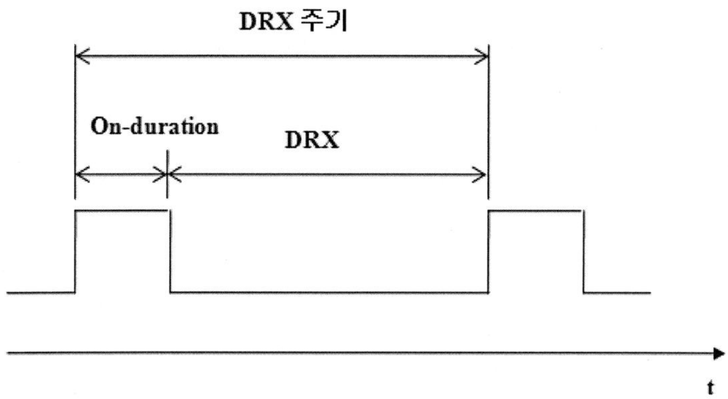

[그림 4.7] DRX 동작 구조도

(3) Random Access

Random Access는 단말기가 eNB에 초기 접속할 때 사용하는 충돌 기반 접속 절차이며, LTE 규격은 단말기가 최소한의 무선 자원을 사용하여 eNB로 신속하게 접속하도록 정의하였다. 절차에서 random access preamble 송신에 사용되는 물리 채널은 PRACH이며, 나머지 시그널링에 사용되는 물리 채널은 모두 공유 채널을 사용한다. LTE 시스템은 충돌로 인한 자원 낭비 및 시간 지연을 최소화하기 위하여 non-contention 기반 Random Access 절차를 제공하며, 절차는 [그림 4.8]과 같다.

eNB는 random access preamble을 송신하기 전에 UE에게 PRACH 자원을 할당하고, UE는 고유하게 지정된 PRACH를 사용하여 Random Access를 수행한다. 이에 따라, 단말기가 충돌로 인하여 발생하는 재접속 지연을 회피함으로써 데이터 송신 및 핸드오버를 위하여 빠르게 기지국으로 접속할 수 있다.

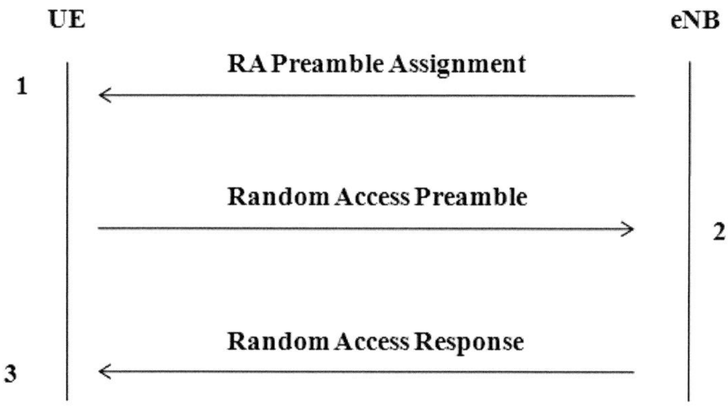

[그림 4.8] Non-Contention Random Access 절차도

4.3 ZigBee

ZigBee라는 이름의 어원은 참으로 우연히 만들어 졌다. 해당 표준화를 위한 모임의 태동기에 여러 가지 이름에 대한 제안이 있었고 이러한 제안 및 결정을 위한 혼선의 모양을 빗대어 Zig Zag에서의 Zig와 가장 경제적으로 통신을 한다는 벌(Bee)의 개념을 도입하여 ZigBee로 명명하였다고 한다. 현재 ZigBee(IEEE 802.15.4) 사양은 시장에서 입지를 다투고 있는 여러 무선 네트워킹 표준들과 비교할 때 빠른 성장을 보이고 있다. ZigBee 표준화 멤버인 Philips와 Motorola사와 같은 업체들은 현재 단거리 무선 사양에 적합한 IC의 마지막 마무리 작업에 들어갔으며 PHY와 MAC 프로토콜의 표준을 다루는 IEEE 802.15.4 LR(Low Rate)-WPAN 표

준화 작업은 완료되었고, 현재 응용 서비스를 위한 시스템 개발에 필요한 MAC 상위 계층에 대한 표준화 작업이 ZigBee Alliance에서 진행 중이다.

저가, 저전력의 빠른 데이터 전송 기술을 자랑하는 ZigBee는 이미 잠재 고객들의 주목을 받고 있다. 이들 업체는 Honeywell과 Eaton사와 같은 산업 제어 및 홈 오토메이션 업체들에서부터 Mattel사와 같은 장난감 업체에 이른다. 또한 이들 모두는 ZigBee의 PHY 및 MAC 계층의 기술 사양 개발을 담당하고 IEEE 802.15.4 그룹에 참여하고 있다.

현재 IEEE가 여러 무선 표준들을 발표하고 있긴 하지만, ZigBee는 전력 소모측면에서 효용성이 있어 배터리가 수개월에서 수년간 지속될 수 있는 장점을 가지고 개인무선통신환경하의 저속 무선 데이터통신을 위한 경제적인 솔루션이라 할 수 있다.

또한, 시스템에 ZigBee를 구현하는 비용이 2 달러도 안 되기 때문에 네트워크에 더 많은 노드들을 저렴하게 설치할 수 있으며, 구현 측면에서 ZigBee 프로토콜은 Bluetooth나 IEEE 802.15.3 HR(High Rate)-WPAN, 또는 802.11x 무선 LAN 프로토콜보다 훨씬 간단하게 구성할 수 있다.

Philips사는 ZigBee 시스템 사양을 마무리 하여, 무선 및 베이스밴드에 통합된 최초의 원칩 ZigBee 솔루션 샘플을 곧 출시할 것으로 예상되며, 한편 Motorola사는 RF트랜시버를 포함한 2.4 GHz의 완벽한 ZigBee 시스템을 제공할 계획이다. 또한 802.15.4 사양이 요구하고 있는 전 기능 및 일부 기능 디바이스용 애플리케이션 스택을 포함하는 8비트 마이크로컨트롤러를

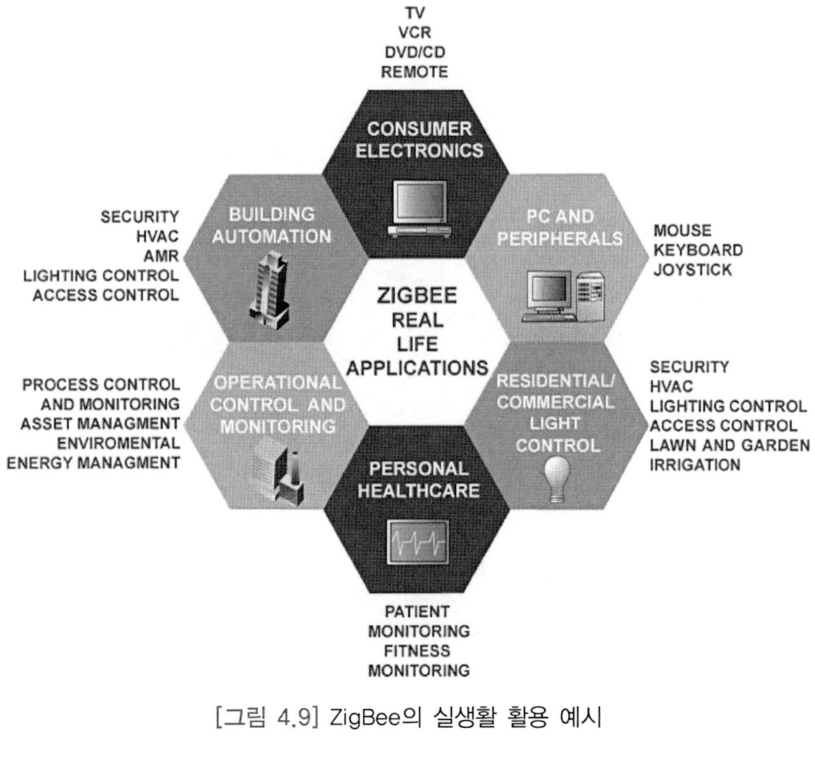

[그림 4.9] ZigBee의 실생활 활용 예시

선택 옵션으로 제공할 계획이다. ZigBee는 공장 작업장 시스템, 농장 살수 장치 또는 가정용 자동 온도 조절기와 같은 산업용 및 홈 오토메이션 애플리케이션으로 고안된 표준이다. 하지만 ZigBee 지지자들은 애플리케이션 범위를 넓혀 장난감, 게임기, 가전제품 디바이스 및 PC 주변기기 제조업체들에게도 큰 호응을 얻을 것으로 기대하고 있다.

ZigBee 표준화의 큰 범주에 해당하는 IEEE 802.15 WPAN(Wireles sPersonal Area Network)의 기술 동향과 WPAN 내의 하위 그룹으로 저전력, 저비용의 목표로 진행 중인 ZigBee 기술 동향에 대해서 세부적으로 분석하고, 향후 ZigBee 시스템의 발전 전망에 대해서 살펴본다.

4.3.1 ZigBee의 차별성

간단한 센서 정도로 구성된 제어 네트워크의 경우, 대용량 정보전달보다는 긴 배터리 사용시간과 일정거리 이상의 전송 커버리지 확보가 요구된다. 이 같은 요구를 충족시키기 위해 IEEE는 2003년 5월 802.15.4 규격을 발표하였고, 마케팅과 인증 등 산업 촉진을 위해 설립된 ZigBee Alliance에서는 IEEE에서 정의하는 PHY와 MAC에 네트워크와 보안계층을 표준화하는 작업을 진행하였다.

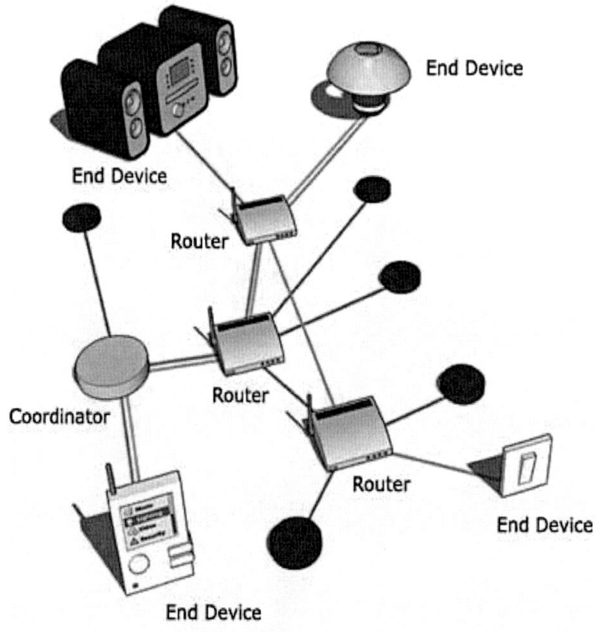

[그림 4.10] ZigBee Mesh Network의 예

4.3.2 ZigBee의 기술 규격

ZigBee는 저용량 데이터를 가진 네트워크 상의 기기를 통합ㆍ제어하는 용도에 적합하며 향후 다양한 산업 분야에 적용될 것으로 예상된다. ZigBee 송/수신기를 센서(동작, 빛, 압력, 기온, 습도 등)와 결합하면 대규모 네트워크 구성이 가능하게 된다.

IEEE 802.15.4에서는 PHY/MAC 계층을 정의했으며, ZigBee Alliance가 상위 3개 계층(Datelink, Network, Application)을 정의하였다.

IEEE 802.15.4 MAC 계층은 비컨, 데이터, 확인, MAC 명령의 4가지 기본 프레임으로 구분된다. MAC 계층에서의 전력 소모 절감 메커니즘은 Power control 모드에서 프레임 전송 시 전력을 최소한으로 절제해 전력소비를 최소화하며, Power saving 모드를 통해 각 단말기가 평상시에는 SLEEP 모드로 있다가 송/수신 시에만 AWAKE 상태로 전환하는 방식이다. IEEE 802. 15.4 PHY 계층은 Dual PHY로 정의되어 있으며, 전체적으로 3개 밴드, 27개 채널로 구성된다.

IEEE 802.15.4에서 네트워크 및 보안계층, 네트워크 토폴로지를 확장한 ZigBee 기술은 라우팅 알고리즘과 Adhoc, Star, Mesh 네트워크 등 다양한 네트워크 구성을 지원한다.

ZigBee는 하나의 네트워크에 255개의 세 가지 유형 디바이스 연결이 가능해 최대 50여 이상의 멀티 네트워크 구현이 가능하며, 저 가격/초 저전력 센서 네트워크 구현이 가능해 스마트그리드에서 홈 센서 네트워크 환경을 구현하기에 최적의 기술로 평가되고 있다.

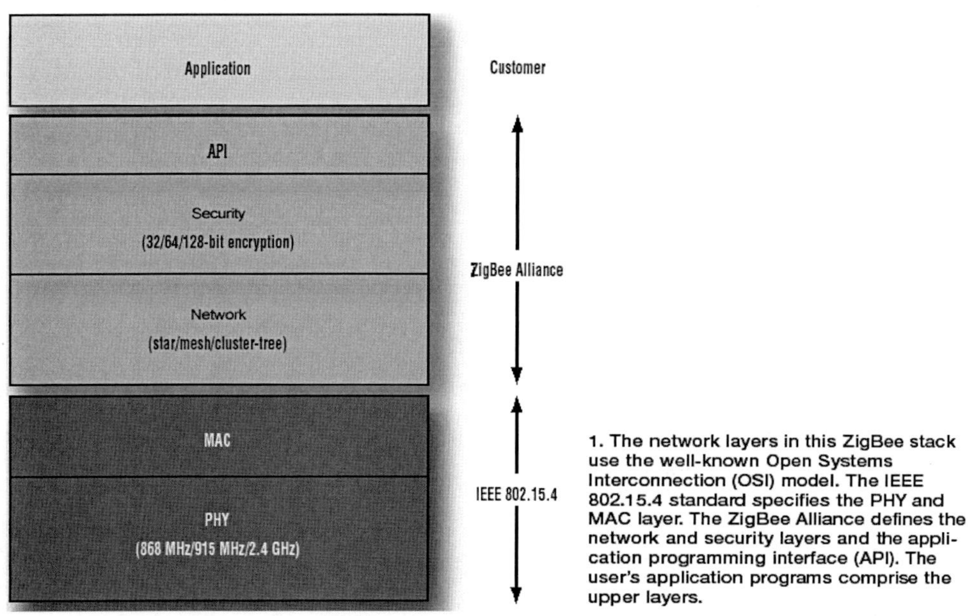

[그림 4.11] ZigBee 네트워크 계층

4.3.3 ZigBee 표준화 동향

ZigBee관련 기술표준은 IEEE 802.15.4 그룹과 ZigBee Alliance(국제표준단체)가 표준화를 주도하고 있다. IEEE 802.15.4 그룹은 하드웨어 규격인 PHY와 MAC 표준을 담당하며 2003년 5월에 표준화 작업을 완료했다. IEEE 802.15.4 표준 규격에서는 868MHz(BPSK/1채널/유럽), 902~928MHz(BPSK/10채널/미국), 2.4GHz(OQPSK/ 16채널/전 세계) 등 3개의 주파수 대역에서 DSSS(Direct Sequence Spread Spectrum) 변조 방식으로 최대 250kbps의 데이터 전송속도를 지원하며, 네트워크 액세스 방법으로 충돌회피를 지원하는 CSMA-CA (carrier sense multiple access with collision avoidance)를 사용한다. 또한 무선 네트워크에서 문제점으로 거론되고 있는 QoS(Quality of Service)를 보장하기 위해 GTS(Guaranteed Time Slot) 데이터 전송 메커니즘을 지원한다.

4.4 스마트 그리드에서 무선통신 시스템의 응용

스마트 그리드에서 무선통신 시스템은 원격으로 배전용 변전소를 자동화 및 보호, 모니터링하고, 분산된 에너지 자원을 제어하는데 응용될 수 있다. 미국표준기술연구소(National Institute of Standards and Technology, NIST)에서는 스마트그리드 환경에서 변전소의 자동화 및 보호를 위한 IEC 61850 표준을 인정하고 있다. IEC 61850 표준은 상호 운용이 가능한 변전소자동화시스템(Substation Automation System, SAS)을 구현하기 위해 무선 기반의 통신망을 제안했다.

4.4.1 향상된 변압기 차동 보호

[그림 4.12]는 배전용 변전소의 자동화 및 보호기능이 강화된 IEC 61850 표준 기반 WLAN을 보여준다. IEEE PSRC 기술 보고서에서는 확산 스펙트럼을 이용한 변전소의 보호 및 제어 응용기술을 제시했다. 보고된 변전소에 응용가능한 기술에는 향상된 변압기 차동 보호, 차단기 고장 감지 등이 있다. 이 보고서에서는 무선 기능의 부하 탭 절환기(Load Tap Changer, LTC) 센서가 [그림 4.12]에서처럼 LTC 위치를 온라인으로 모니터링이 가능하도록 하여 변압기 차동 보호 기능을 향상시킬 수 있음을 제시한다. 마찬가지로 WLAN 또한 무선 인터페이스를 통해 센서 및 액추에이터를 이용하여 옥외변전소(switch yard)를 모니터링할 수 있다.

[그림 4.12]에서 볼 수 있듯이, WLAN은 중요한 작업의 신뢰성을 향상시키기 위해 광섬유와 병렬로 예비 무선 링크를 제공하는데 사용될 수 있다. IEC 61850 표준에서는 WLAN 기술을 응용하여 고압 변전소의 보호 및 제어를 위한 전기 차단기 플랫폼을 제시하고 있다.

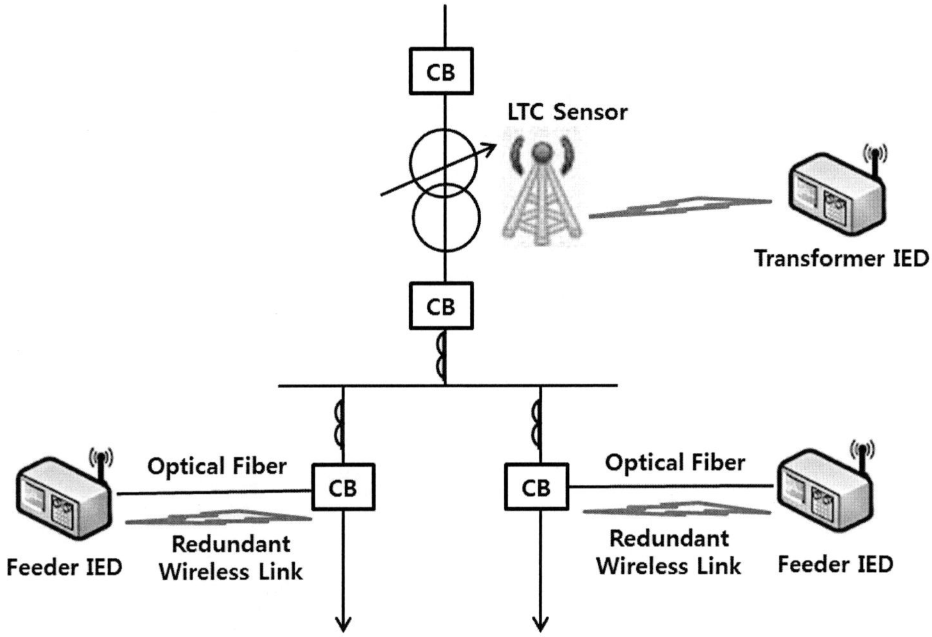

[그림 4.12] 배전용 변전소를 위한 WLAN 통신

4.4.2 선로 보호 지원 통신

[그림 4.13]은 전력선 보호가 지원되는 변전소 간 통신을 위한 WLAN 응용기술을 보여주고 있다. [그림 4.13]에서는 WLAN 점 대 점 링크가 배전 자동화 시스템과 분산 에너지 자원(distributed energy resources, DERs) 간에 사용되는 것을 보여준다. 특히, 도심지역이 아닌 낙후된 지역의 경우에는 에너지 자원들이 더욱더 분산되어 있어, 광섬유를 이용한 유선망을 설치하는 것은 비경제적이기 때문에 무선 통신 기술을 이용하여 통신망을 구축하는 것이 더 적합하다.

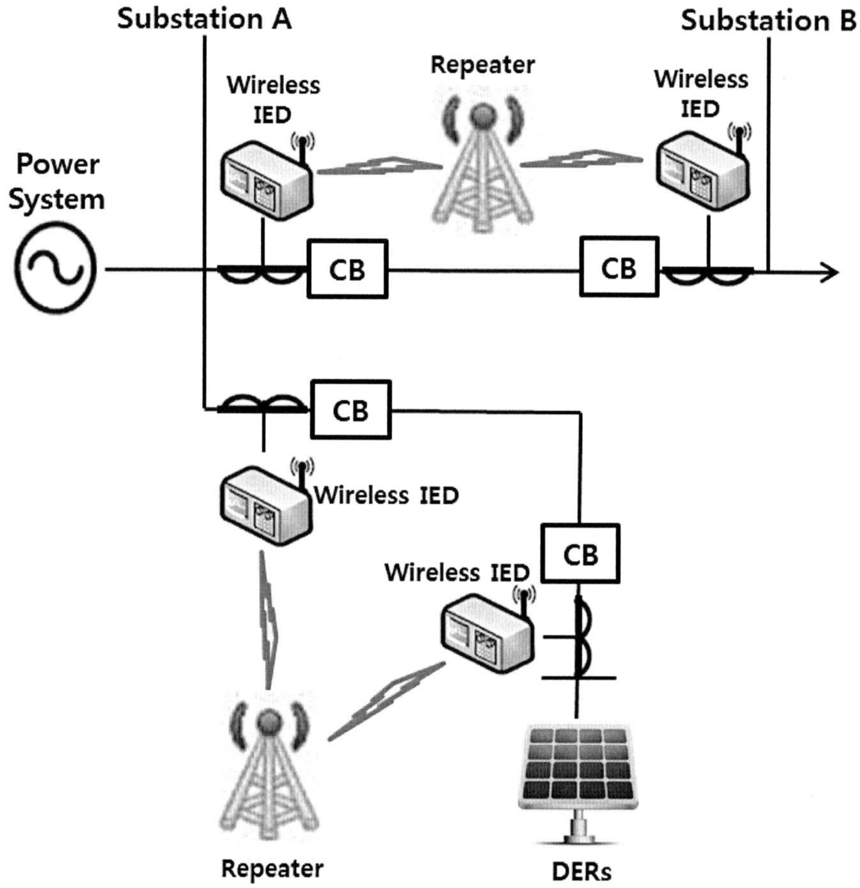

[그림 4.13] 변전소와 배전 에너지 자원 간의 WLAN 통신

4.4.3 무선 원격 검침(Wireless Automatic Meter Reading, WAMR)

LTE 기술은 넓은 네트워크 범위와 충분히 높은 데이터 전송 속도를 구현할 수 있기 때문에, 지능형 검침 인프라(Advanced Metering Infrastructure, AMI)의 한 부분인 WAMR에 응용될 수 있다. [그림 4.14]는 LTE 기반의 WAMR 시스템을 보여준다.

AMI를 위한 LTE 망은 고객의 에너지 소비에 기반하여 실시간으로 에너지 사용료를 측정하는데 사용될 수 있다. WAMR 시스템의 실시간 사용료 측정 기능은 지능적으로 에너지 소비를 측정할 수 있어, 불필요한 에너지 소모를 줄일 수 있고, 해당시간에 전력소모가 많은 지역에 능동적으로 에너지를 공급할 수 있도록 지원해준다.

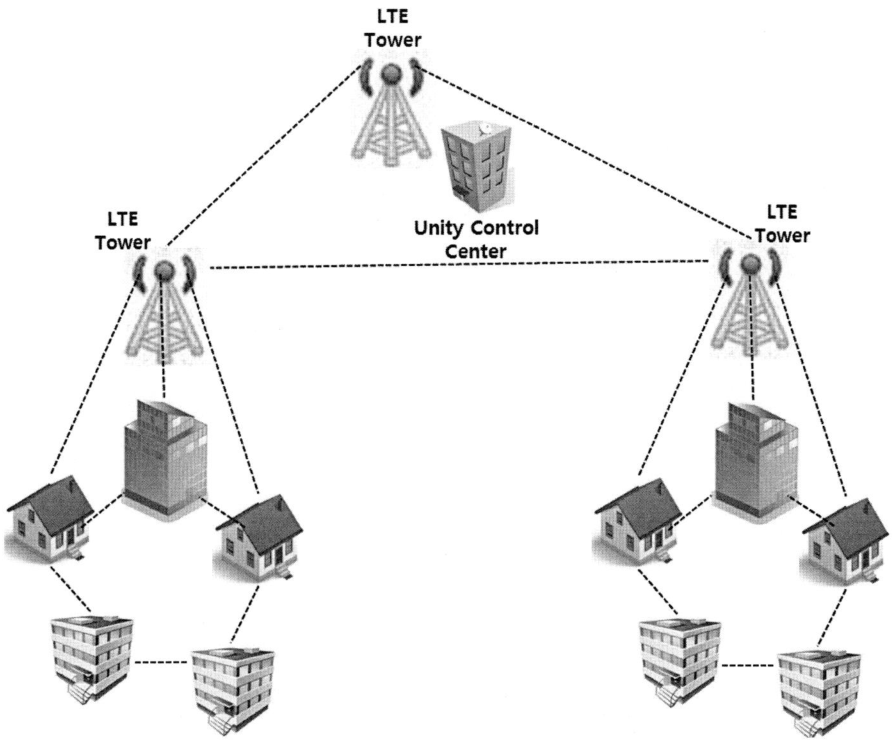

[그림 4.14] WAMR을 위한 LTE 통신

05 스마트그리드의 프로토콜

우선 스마트 에너지란 높은 가격과 자원 고갈이 동기로 에너지의 현명한 사용을 위한 방법으로 에너지 소비방식의 재평가를 위해 탄생하였다. 스마트 에너지의 철학은 일반적인 에너지 소비가 아닌 공급가가 최저나 낮은 가격 기간에 전력 활동을 재예약하는 것으로 전기에서만 국한된 것이 아니라 가스 및 기타 자원에도 해당될 수 있다. 이러한 스마트 기기에는 에너지 서비스 포털, 에너지 소비 미터링 장치, 실시간 에너지 데이터 표시를 위한 전제 디스플레이, 실내 에너지 감소를 위한 프로그램 의사 소통 온도조절, 부하 컨트롤 장치 등이 있다. 스마트 기기들을 이용하여 가정에서의 스마트 에너지를 적용시키기 위한 네트워크 망을 구성할 수 있는데 이것이 바로 HAN(Home Area Network)이다. 이 HAN에는 여러 가지 종류가 있는데 다음은 그림 자동 미터 읽기와 SE(Smart Energy) 네트워크만 사용할 시이다. 이때는 가장 간단한 HAN으로, ESP(Energy Service Portal)와 측정 장치가 포함되어 있다.

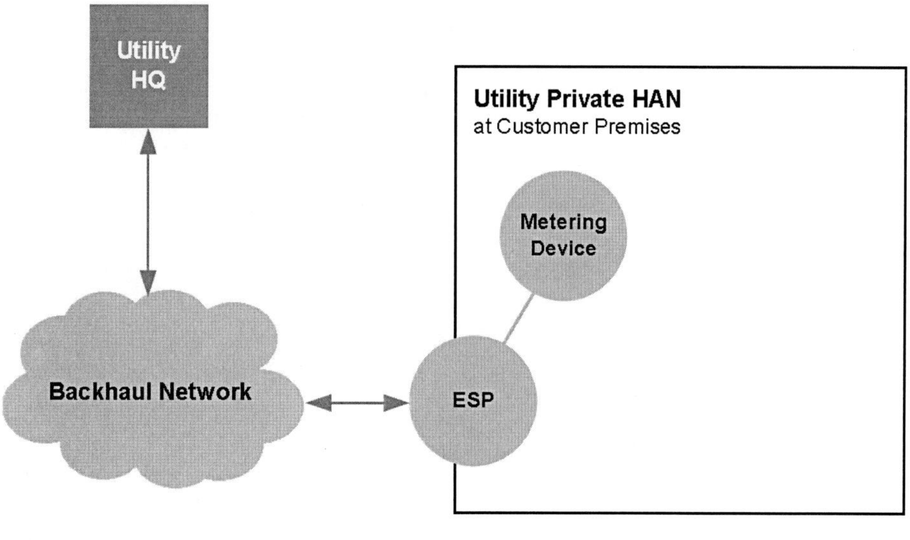

[그림 5.1] Utility private HAN with IPD

[그림 5.2]는 미터기뿐만 아니라 이를 표시하기 위한 디스플레이도 사용할 경우이다. 그림과 같은 경우에는 측정장치와 ESP, 그리고 디스플레이를 위한 IPD(In-Premise Display)가 포함되어 있다.

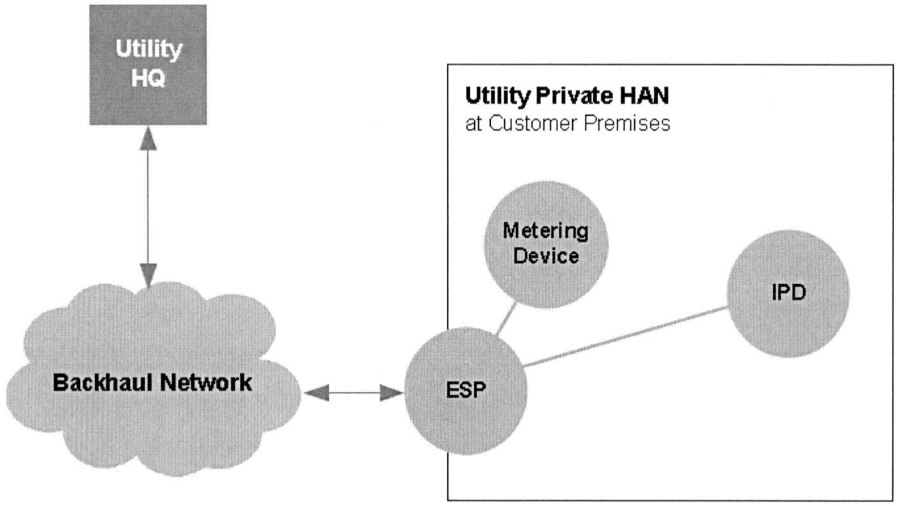

[그림 5.2] Utility private HAN with IPD and combined ESP/metering device

[그림 5.3]은 자동화 된 에너지 관리와 SE 네트워크가 구성된 구조로써, 위에 설명했던 다양한 스마트 에너지 장치들이 포함된다.

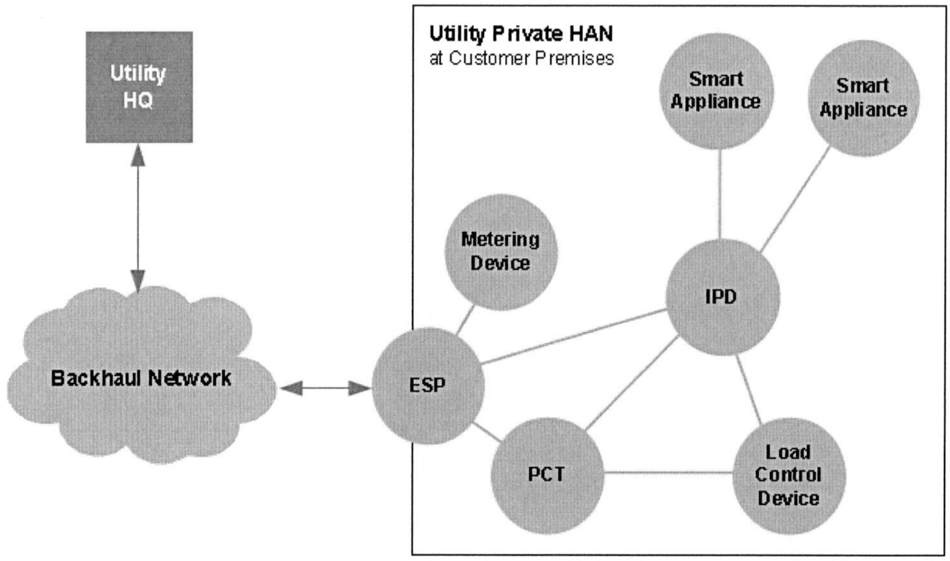

[그림 5.3] Utility private HAN with customer private HAN

스마트 에너지를 구축하기 위한 방법으로 SEP(Smart Energy Profile)이 있다. SEP에 사용되는 두 가지 기술은 ZigBee 얼라이언스의 ZigBee와 홈플러그 얼라이언스의 PLC방식이 있다. 지그비는 저전력의 무선 메쉬망으로써, IEEE 802.15.4에 표준이 제정되어 있다. 그리고 홈플러그의 PLC는 IEEE1901에 초안이 있으며, GreenPHY를 사용한다. SEP란 장치 상호 운용성 및 임베디드 장치 제약을 할 수 있도록 필수 및 옵션 기능을 정의하기위한 것으로, 효율성, 사용, 가격, 메세지에 관한 통신에 초점을 두고 있으며, 특별한 동작을 지정할 수 없지만, 동작을 지원하는 특별한 통신을 지정하도록 설계되었다.

SEP 버전의 발전은 다음과 같다. 1.0 버전은 2008년 6월에 출시되었으며, ZigBee 스택에 대해서만 설계되었고, 주로 가격 통신, 수요 반응 및 부하 제어, 메시징, 그리고 보안 및 시간 등의 기본정보 등의 미터링이 지원된다. 그리고 1.1 버전은 선불 및 결제 정보 등의 1.0 증분 개선 및, 기존의 배포되었던 것들 및 사용자를 위한 지원이 있다.

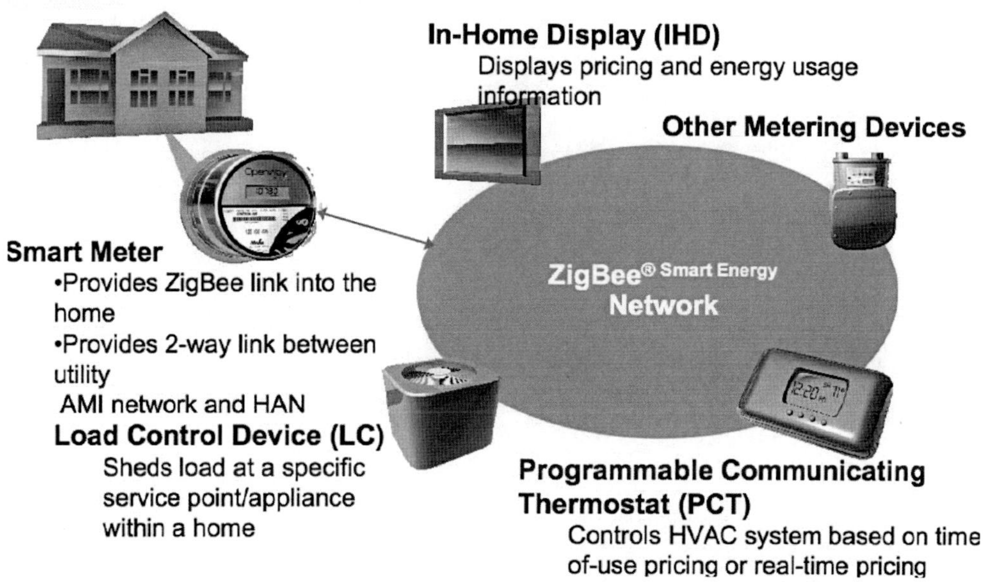

[그림 5.4] SEP 1.x 시스템 구성도

SEP 2.0은 무선 및 유선통신이 가능하고, 기존의 ZigBee 스택 뿐만 아닌 IP 스택을 위한 설계를 하였으며, IEC 61968(CIM)과 61850과 조화를 통해 여러 가지 새로운 기능을 (PEV 지원, MDU 지원 등)를 계속 추가하는 등의 기존의 1.x 버전보다 향상된 기능을 보이는 시스템이다.

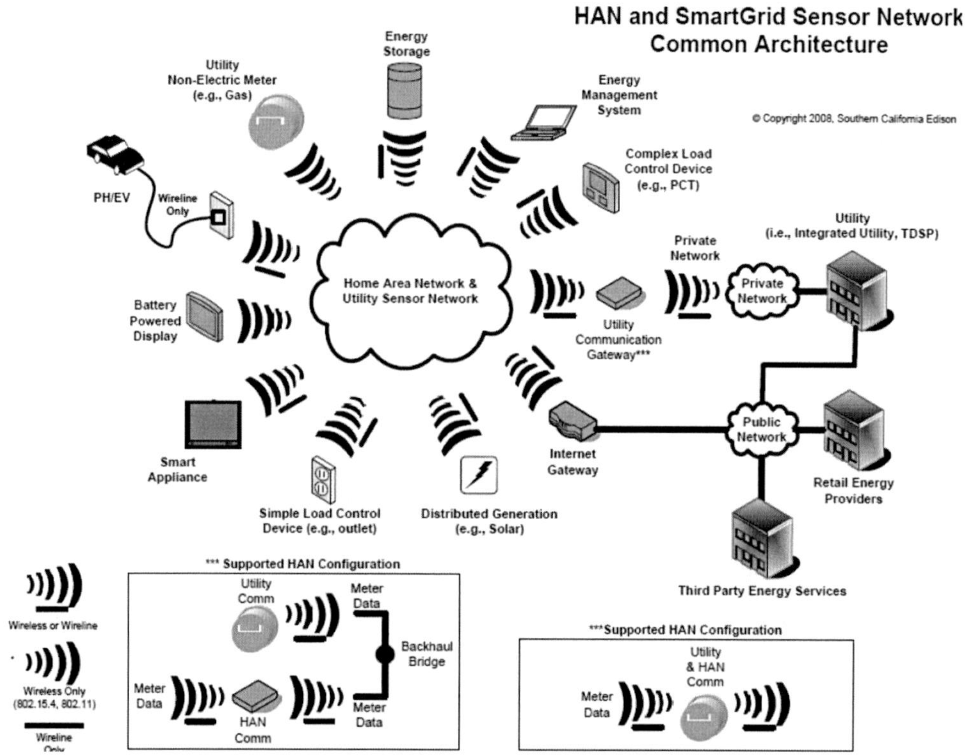

[그림 5.5] SEP 2.0 시스템 구성도

[그림 5.6]은 인터넷 모델, SEP 1.x, SEP 2.0 스택을 비교한 것이다. 다음 장에서는 SEP 2.0에 대해 좀 더 자세히 알아보도록 한다.

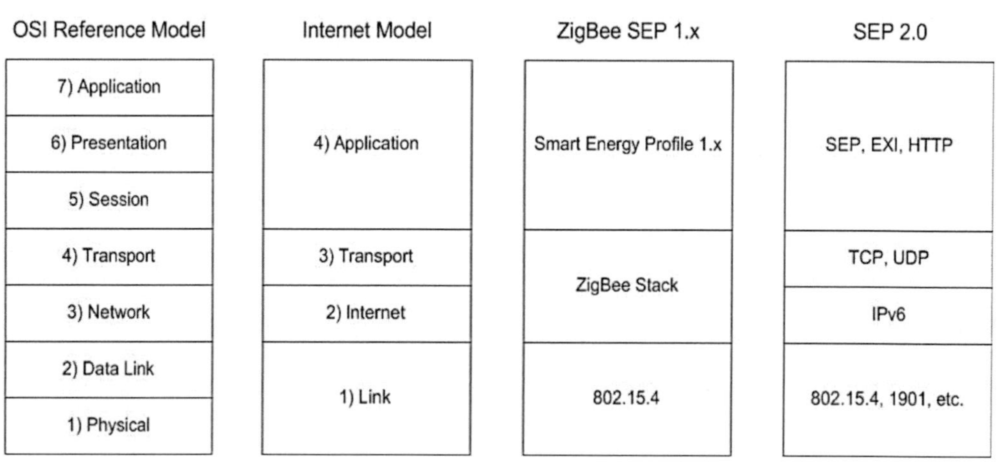

[그림 5.6] SEP 1.x와 SEP2.0 스택비교

5.1 SEP 2.0(Smart Energy Profile 2.0)

SEP application protocol은 주로 IP stack 상단의 층에 위치할 프로토콜이다. 즉 APPLICATION layer와 TRANSPORT layer, 혹은 NETWORK layer에 그 기능을 정의한다. 스마트 에너지 프로파일은 REST architecture를 구현하도록 설계되었다. lightweight subscription mechanism의 구현 추가와 함께 REST에서 사용되는 GET, PUT, POST, DELETE 등의 핵심 작업이 내장되어 있다. 여기서, HTTP는 전송 프로토콜로 TCP를 사용한다. 그 결과, TCP는 전송 보증 및 윈도우를 제공하는 세션을 관리한다. 또한 HTTP는 TLS 보안이 사용되지 않을 때 사용할 수 있는 다양한 캐싱 및 캐시 관리 메커니즘을 제공한다. [그림 5.7] ~ [그림 5.9]는 SEP 사용 예를 나타낸다.

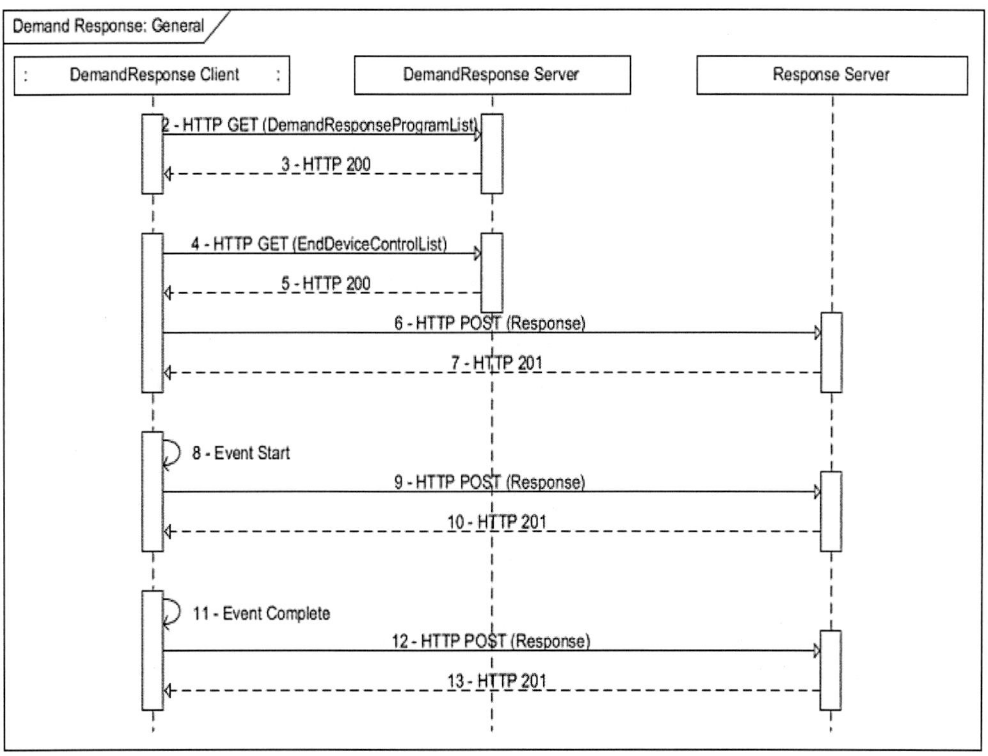

[그림 5.7] 일반적인 수요반응

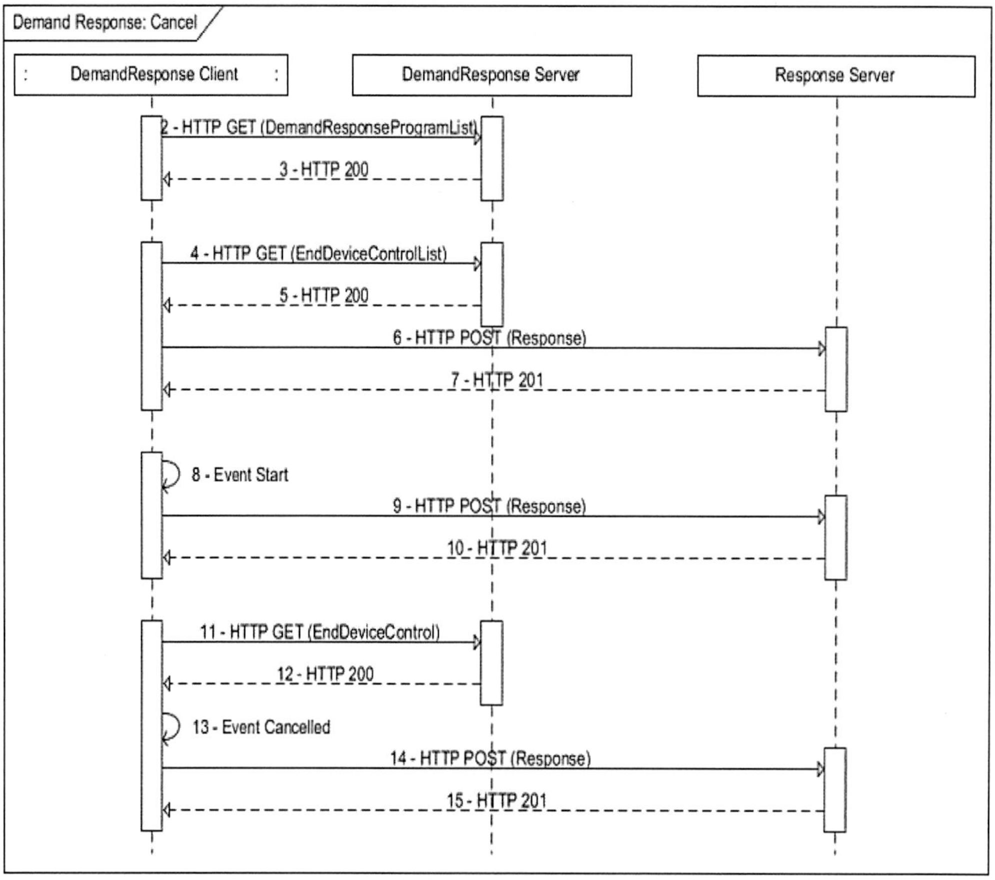
Demand Response: Cancel
: DemandResponse Client :
DemandResponse Server
Response Server
2 - HTTP GET (DemandResponseProgramList)
3 - HTTP 200
4 - HTTP GET (EndDeviceControlList)
5 - HTTP 200
6 - HTTP POST (Response)
7 - HTTP 201
8 - Event Start
9 - HTTP POST (Response)
10 - HTTP 201
11 - HTTP GET (EndDeviceControl)
12 - HTTP 200
13 - Event Cancelled
14 - HTTP POST (Response)
15 - HTTP 201

[그림 5.8] 수요반응 취소

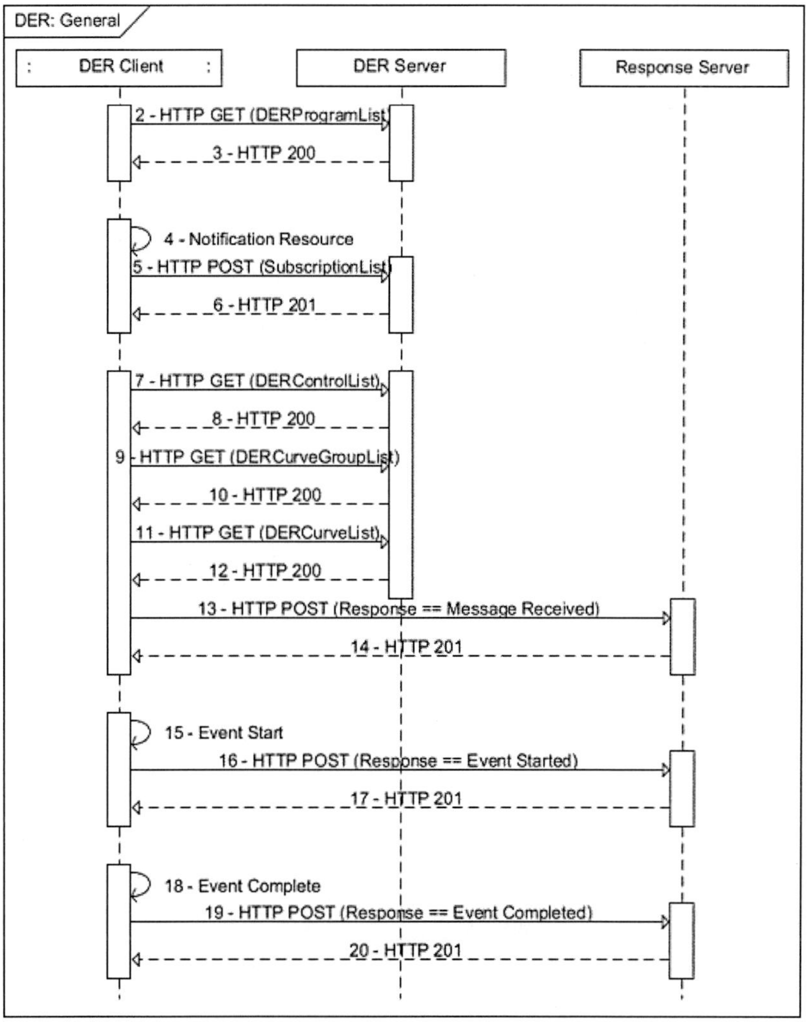

[그림 5.9] 에너지 자원 분산

5.1.1 일반적 규칙

기본적으로 이 프로토콜에서 인터페이스와 URI(Uniform Resource Identifier)는 대칭이고, 인터페이스와 URI를 정의할 때의 사양은 서버, 클라이언트, 장치 사이의 구분을 하지 않는다. 모든 장치에서 특정 리소스가 항상 같은 동작을 하며, 그 목표는 리소스가 서버에서 동작 및 클라이언트나 서버의 다른 유형에 다른 행동을 가지는 것을 피하기 위함이다. 서버와 클라이언트 사이의 구분은 장치가 리소스(서버)를 제공하거나 리소스(클라이언트)와 상호 작용 여부에 따라 발생한다.

자원 표현을 얻기 위한 기본 메커니즘은 GET으로 구현된 pull 메커니즘이다. 즉, 서버에서 클라이언트 요청 및 검색하는 데이터 또는 생성 수정, 또는 서버에서 삭제하는 데이터이다. 자원 표현을 가져오기 위한 가입 메커니즘의 사용은 선택적으로 편리하고 적절한 많은 경우에 지원된다. 구독을 지원하는 자원들은 구독 속성으로 표시된다. 개체는 정의된 단위 및 전체 개체 스키마에 정의된 단위로 업데이트 할 수 있다. 가입 / 알림 메커니즘 신뢰성이 확보되지 않을 수 있거나, 네트워크에 간헐적인 연결(예를 들면, 배터리 구동 졸리 장치, 모바일 장치 등)이 있을 것으로 예상되는 클라이언트는 자원 검색에 대한 자신의 기본 동작으로 pull 메커니즘을 사용한다. HTTP 또는 HTTPS에 사용되는 TCP 포트는 서비스의 xmDNS 서비스 광고에 지정한다. 콘텐츠 형식은 콘텐츠 형식 헤더는 “application/sep+xml” or 817 “application /sep-exi”에 명시되어야 한다. 디바이스는 URI의 사용과 이러한 성능을 통해 주어진 구성을 예상하지 않는다. 또한 모든 리소스는 URI의 향후 확장에 미래의 확장에 유연성을 지원하기 위해 하위 리소스에 대한 링크를 포함해야 한다. 따라서 확장 및 세분화를 할 수 있도록 모든 개체는 URI를 통해 참조된다. 이러한 규격을 통해 제시되는 URI들이 권장된다. 따라서 클라이언트는 모든 서버나 심지어 주어진 서버에서도 리소스를 위한 URI가 고정된다는 것을 예측하거나, 해당 URI를 자원 발견을 통해와 자원 내에 있는 링크를 검색하는 것을 해서는 안 된다. 네트워크 효율성을 위해, 디바이스는 URI를 시간이 지남에 특정 서버에 고정되는 것을 예측할 수 있다. 만약 예상치 못한 결과를 반환하는 경우 해당 장치가 다시 자원 검색을 수행해야 한다. 해당 버전 정보가 해당 리소스의 이름에 내재된 경우를 제외하고는 버전 정보가 URI에 표시되어서는 안 된다. 확장의 이유로 필요한 경우, 버전 정보가 관련 자원 및 / 또는 스키마 내에서 제공된다.

이 프로토콜에서는 십진수 값은 맨 앞에 0없이 표시되어야 한다. 16진수 값을 숫자의 짝수를 보장하기 위해 필요한 경우 하나의 선도적인 0으로 표시한다.

5.1.2 통일 리소스 식별자

5.1.2.1 명명 규칙

HTTP는 클라이언트와 서버 사이에 URI 전송뿐 아니라 메시지 내용에 대한 옵션 및 세부 정보를 포함을 위해서 ASCII 텍스트를 사용한다. 전송은 모든 거래에 의해 발생하며, URI에 사용되는 명명 규칙이 너무 자세한 경우, 이러한 거래는 제한된 네트워크에 비효율적이 된다. 또한 사용된 명명 규칙이 너무 애매한 경우 텍스트 기반 프로토콜의 장점이 없어지며, 해독이 어려워진다.

명명에 대한 규칙은 다음과 같다.

- URI 요소는 선두 모음이나 잘 알려진 약어 등 명확성을 추가하지 모음의 포함이 없는 한 자음으로만 제작된다.
- URI 요소는 모두 소문자이다.
- URI는 길이가 255 바이트보다 클 수 없으며, 실제로 80 바이트보다 작아야 한다.

5.1.3. 리소스 리스트

많은 리소스들은 〈List〉 객체에서 파생된다. 이 규격은 전반에 걸쳐, 이러한 리소스를 리소스 리스트로 지칭될 것이다.

다음 속성은 리소스 리스트를 위해 정의되어 있는 것들이다.

- all – 리소스 리스트에 존재하는 항목(하위 자원)의 총 수를 표시하는 데 사용
- results – 목록의 특정 하위 집합(목록 페이징 GET 쿼리 등의 결과)에 포함된 항목의 번호(하위 자원) 표시하는 데 사용. 이 값은 항상 all 보다 작거나 일치

클라이언트와 서버는 리스트에 페이징 액세스를 구현하기 위해 다음에 설명된 쿼리 문자열 매개 변수와 함께 이 속성을 사용한다. 리스트 페이징의 클라이언트 제어는 자원 제약을 장치하는 것이 중요하다. 리스트 아이템(하위 리소스)은 아래 설명된 두 숙어 중 하나를 사용하여 읽는다.

- 리스트에 있는 첫 번째, 두 번째 등의 Ordinal access의 경우, 리스트 리소스 URI에 GET에 포함된 쿼리 문자열 매개 변수를 통해 지원
- 특정 리스트 항목에 대한 랜덤 액세스는 목록 항목의 URI에 직접 GET을 통해 지원

리스트 항목은 리스트의 URI에 목록 항목 표현을 게시하여 작성된다. 목록에서 새로운 리소스의 Ordinal 위치는 리스트 정렬 순서(각 목록에 의해 정의)에 의해 결정된다. 이 사양에 설명된 각 리스트 자원 리스트는 리스트를 주문하는 데 사용된 하나 이상의 키에 대한 세부 정보 및 이러한 키의 우선순위를 포함하여 주문하는 방식을 설명해야 한다.

5.1.3.1 쿼리 문자열 매개 변수

쿼리 문자열 매개 변수는 반환되는 쿼리 결과 항목의 필터링 및 페이징을 제공하기 위한 URI 추가 매개 변수이다. 리스트 페이징 메커니즘은 요청 쿼리 결과 집합에 반환되는 리스트 항목의 범위를 지정할 수 있다. 페이징 쿼리의 일반적인 구문은 다음과 같다.

{URI}?s={x}& a={y}&1={z}

여기서, {URI}은 리스트 리소스를 처리하는 데 사용하는 URI을 나타내고, s, a, 1은 쿼리 문자열 매개 변수를 대표하고, {X}, {Y} 및 {Z}는 각각의 쿼리 문자열 매개 변수를 나타낸다. 또한 쿼리 문자열 매개 변수는 다음과 같이 정의된다.

- s – ("start") 는 쿼리 결과 목록(같은 목록의 순서에 의해 결정)에 반환할 목록의 첫 번째 순 서적 위치를 표시하는 데 사용된다. 목록의 첫 번째 서적 위치는 '0'의 값을 지정한다. 이 쿼리 문자열 매개 변수를 지정하지 않으면, 기본 시작 값은 '0'으로 한다.
- a – ("after")는 주어진 날짜 / 시간 매개 변수가 쿼리 결과 목록에 포함되도록 한 후 기본 키가 발생하는 항목을 가리키는데 사용된다. 이 쿼리 문자열 매개 변수는 시간 기반의 프라이머리 키(primary key)를 사용하여 정렬하는 리소스를 나열하는데 적용된다. 기본 키는 시간에 기반하지 않은 경우 매개 변수는 무시한다. 매개 변수의 형식은 Time Type의 동일 의미가 있는 64 비트 십진수 번호이다.
- l – ("limit")는 쿼리 결과 목록에 포함 할 목록 항목의 최대 개수를 설정하는 데 사용된다. 이 쿼리 문자열 매개 변수를 지정하지 않으면, 기본 제한은 1로 한다. 서버는 클라이언트 제공 제한에 의해 지정된 것보다 작은 결과 목록을 반환할 수 있다.

"start"과 "after" 쿼리 문자열 매개 변수를 모두 동시에 사용하는 경우, "after" 쿼리 문자열 매개 변수는 우선순위를 가진다. 사용자는 "after" 쿼리 문자열 매개 변수 목록을 페이징하기 위해 사용해서는 안 된다는 점을 유의해야 한다. 일부 리스트 리소스를 동시에 기반 프라이머리 키(primary key)와 함께 여러 종속 자원을 포함할 수 있으므로, "after" 쿼리 문자열 매개 변수를 사용하면 희망 클라이언트가 'start' 쿼리 문자열 매개 변수를 변경하는 동안, "after" 쿼리 문자열 매개 변수에 대한 값을 유지해야 한다.

특정 쿼리 문자열 매개 변수가 한 번 이상 사용하는 경우 다음 쿼리 문자열 매개 변수의 첫 번째 발생이 사용되어야 하며(왼쪽에서 오른쪽 순서) 후속 사건은 무시해야 한다. 서버에 알려지지 않은 쿼리 매개 변수의 서버 접수는 서버에 의해 무시되어야 하며 HTTP 오류가 발생하지 말아야 한다. 서버 쿼리 매개 변수를 포함 HREF 속성을 포함 리소스 표현을 생성해서는 안된다. 클라이언트가 자원 hrefs에 포함된 검색어 매개 변수를 무시해야 하지만, URI가 다음 편리한 교류에 사용하는 경우를 제거해서는 안된다. 빈 목록 표현을 요청해야 하는 서버는 하위 표현을 반환하지 않는다. 하지만 목록을 정의 할 수 있는 다른 요소를 반환하는 책임을 지지는 않는다. 클라이언트는 목록에 URI에 대한 색인 의미를 가정해서는 안된다. 다음 예제는 목록의 자원과 쿼리 문자열 매개 변수의 사용을 보여준다.

```
〈MyTypeList href="http://host1/the/list" all="7" results="7"〉
〈MyType href="http://host1/instance/of/type/red"〉
        〈timeStamp〉100〈/timeStamp〉
```

```
〈/MyType〉
〈MyType href="http://host2/instance/of/type/green"〉
    〈timeStamp〉200〈/timeStamp〉
〈/MyType〉
〈MyType href="http://host3/instance/of/type/blue"〉
    〈timeStamp〉300〈/timeStamp〉
〈/MyType〉
〈MyType href="http://host4/instance/of/type/yellow"〉
    〈timeStamp〉400〈/timeStamp〉
〈/MyType〉
〈MyType href="http://host5/instance/of/type/black"〉
    〈timeStamp〉500〈/timeStamp〉
〈/MyType〉
〈MyType href="http://host6/instance/of/type/white"〉
    〈timeStamp〉600〈/timeStamp〉
〈/MyType〉
〈MyType href="http://host7/instance/of/type/orange"〉
    〈timeStamp〉700〈/timeStamp〉
〈/MyType〉
〈/MyTypeList〉
```

This list is sorted in ascending order per the 〈timeStamp/〉 element of MyType.
A GET to http://host1/the/list?s=0&l=1 will return:

```
〈MyTypeList href="http://host1/the/list" all="7" results="1"〉
〈MyType href="http://host1/instance/of/type/red"〉
    〈timeStamp〉100〈/timeStamp〉
〈/MyType〉
〈/MyTypeList〉
```

A GET to http://host1/the/list?s=0&l=5 will return:

```
〈MyTypeList href="http://host1/the/list" all="7" results="5"〉
〈MyType href="http://host1/instance/of/type/red"〉
    〈timeStamp〉100〈/timeStamp〉
〈/MyType〉
```

```
〈MyType href=“http://host2/instance/of/type/green”〉
        〈timeStamp〉200〈/timeStamp〉
〈/MyType〉
〈MyType href=“http://host3/instance/of/type/blue”〉
        〈timeStamp〉300〈/timeStamp〉
〈/MyType〉
〈MyType href=“http://host4/instance/of/type/yellow”〉
        〈timeStamp〉400〈/timeStamp〉
〈/MyType〉
〈MyType href=“http://host5/instance/of/type/black”〉
        〈timeStamp〉500〈/timeStamp〉
〈/MyType〉
〈/MyTypeList〉
```

A GET to http://host1/the/list?s=5&l=1 will return:

```
〈MyTypeList href=“http://host1/the/list” all=“7” results=“1”〉
〈MyType href=“http://host6/instance/of/type/white”〉
        〈timeStamp〉600〈/timeStamp〉
〈/MyType〉
〈/MyTypeList〉
```

A GET to http://host1/the/list?s=5&l=5 will return:

```
〈MyTypeList href=“http://host1/the/list” all=“7” results=“2”〉
〈MyType href=“http://host6/instance/of/type/white”〉
        〈timeStamp〉600〈/timeStamp〉
〈/MyType〉
〈MyType href=“http://host7/instance/of/type/orange”〉
        〈timeStamp〉700〈/timeStamp〉
〈/MyType〉
〈/MyTypeList〉
```

A GET to http://host1/the/list?s=12&l=2 will return a list representation containing 0 items:

```
〈MyTypeList href=“http://host1/the/list” all=“7” results=“0”〉
〈/MyTypeList〉
```

```
A GET to http://host6/instance/of/type/white returns:
〈MyType href=“http://host6/instance/of/type/white”〉
〈timeStamp〉600〈/timeStamp〉
〈/MyType〉

A GET to http://host1/the/list?a=400&l=4 will return:
〈MyTypeList href=“http://host1/the/list” all=“7” results=“3”〉
〈MyType href=“http://host5/instance/of/type/black”〉
        〈timeStamp〉500〈/timeStamp〉
〈/MyType〉
〈MyType href=“http://host6/instance/of/type/white”〉
        〈timeStamp〉600〈/timeStamp〉
〈/MyType〉
〈MyType href=“http://host7/instance/of/type/orange”〉
        〈timeStamp〉700〈/timeStamp〉
〈/MyType〉
〈/MyTypeList〉
A GET to http://host1/the/list?a=400&s=0&l=2will return:
〈MyTypeList href=“http://host1/the/list” all=“7” results=“2”〉
〈MyType href=“http://host5/instance/of/type/black”〉
        〈timeStamp〉500〈/timeStamp〉
〈/MyType〉
〈MyType href=“http://host6/instance/of/type/white”〉
        〈timeStamp〉600〈/timeStamp〉
〈/MyType〉
〈/MyTypeList〉

A GET to http://host1/the/list?a=400&s=2&l=2 will return:
〈MyTypeList href=“http://host1/the/list” all=“7” results=“1”〉
〈MyType href=“http://host7/instance/of/type/orange”〉
        〈timeStamp〉700〈/timeStamp〉
〈/MyType〉
〈/MyTypeList〉
```

5.1.4 리소스 디자인 규칙

다음 규칙이 리스트 리소스의 설계 및 사용에 적용된다.

- 리스트 리소스는 항상 페이징을 지원하기 때문에 "S" 및 "1" 쿼리 문자열 매개 변수를 지원하는 책임을 지지 않는다.
- 시간 기반의 프라이머리 키(primary key)가 리스트 리소스가 "A" 쿼리 문자열 매개 변수를 지원하는 책임을 지지 않는다.
- 리스트 리소스의 모든 종속 리소스가 종속 리소스의 URI를 포함하는 'href' 속성을 포함해야 한다.
- 이 사양에 설명된 각 리스트 자원은 리스트를 정렬하는데 사용되는 하나 이상의 키에 대한 세부 정보 및 이러한 키의 우선순위를 포함하여 주문하는 방식을 설명해야 한다.
- 리스트 리소스는 종속 리소스에 대한 규칙에 따라 자신의 최상위 종속 자원의 전체 표현을 포함하는 것으로 해석되어서는 안 된다.
- 하위 리소스의 URI는 목록 내에서 자원의 순서(정렬) 위치를 의미하지 책임을 지지 않는다.
- 최소 65,535 신규 회원 자원이 특정 자원 유형에 대해 생성 된 후 때까지 종속 리소스의 URI는 새로운 자원을 다시 사용할 수 없다.
- 쿼리했을 때, 목록 자원은 포함하는 리스트에 대해 정의된 순서에 종속 자원을 반환 책임을 지지 않는다.

다음 규칙은 비 리스트 자원의 설계 및 사용에 적용된다.

- 비 리스트 리소스는 정의된 쿼리 문자열 매개 변수를 지원하지 책임을 지지 않는다. 비 리스트 리소스 URI를 적용 쿼리 문자열 매개 변수는 무시해야 한다.

5.1.5 Application Support

응용 프로그램 지원 계층은 다음과 같은 서비스를 제공한다.

- [RFC 2616]과 [Fielding]에 설명된 대로 편리한 에플리케이션 데이터 교환 의미론인 RESTful HTTP/1.1
- 편리한 작업의 데이터 페이로드와 같은 XML and/or EXI encoding
- TLS를 이용한 보안 키 관리

5.1.5.1 TCP의 이용

응용 프로그램 데이터 교환 프로토콜 HTTP/1.1는 전송 프로토콜로 TCP를 사용하는 것으로 바로 연결된다. HTTP 통신은 대개 TCP / IP 연결을 통해 이루어진다. 기본 포트는 TCP 80이지만, 다른 포트를 사용할 수 있다. 이 인터넷 또는 기타 네트워크에 다른 프로토콜의 상단에 구현되는 HTTP를 배제하지 않는다. HTTP는 오직 신뢰할 수 있는 전송을 추정하며, 이러한 보장을 제공하는 프로토콜을 사용할 수 있다. 다른 전송 프로토콜이 HTTP를 전송하는 데 사용할 수 있을 지라도, 그들은 신뢰할 수 있는 전송 방법을 제공해야 한다.

5.1.5.2 URI 인코딩

SEP2 호스트에서 제공하는 리소스의 주소는 [RFC 1630]에 따라 HTTP/1.1 (예 : "http://")에 [RFC 1738]와 [RFC 1808] 특정 표준 URI 구문을 사용한다. 그것은 [RFC 2717] 와 [RFC 1808]에서 참조로 SEP2는 응용 프로그램 수준 리소스를 해결하기 위해 공식적으로 정의하고 등록된(IANA) URN 네임 스페이스 정의를 사용하는 것이 좋다. 많은 SEP2 호스트의 제약 성격을 감안할 때, 그것은 구체적이고 컴팩트 한 URL 네임 스페이스 체계(계층 구조)를 고안하는 것이 중요하다.

5.1.5.3 HTTP 헤더

HTTP/1.1은 자세한 정보가 될 수 있는 잠재력을 가진 다양한 유형의 헤더를 정의한다. 아래의 예는 동의 헤더가 35 octets에서 106 octet으로 다양한 길이를 보여준다.

- Accept: audio/*; q=0.2, audio/basic (35 octets)
- Accept: text/*; q=0.3, text/html; q=0.7, text/html; level=1, text/html; level=2; q=0.4, 1084 */*; q=0.5 (92 octets)
- Accept: text/xml, application/xml, application/xhtml+xml, text/html; q=0.9, text/plain; q=0.8, image/png, */*; q=0.5 (106 octets)

많은 SEP2 네트워크 패킷 크기 제한을 감안할 때, 지원되는 HTTP 헤더의 집합은 호스트가 발송되는 자세한 정보 메시지를 방지할 수 실현 모범 사례 권장 사항을 통해 축소해야 한다. 이 프로토콜에서는 각 HTTP 헤더를 위한 Mandatory, Optional, Discouraged recommendations 세트를 제공한다. 프로토콜 구현에서는 Mandatory HTTP 헤더만 사용해야 하고, 옵션 HTTP 헤더의 사용을 최소화하고, Discouraged recommendations 헤더의 사용을 피해야 한다.

(1) HTTP 헤더 필드 권장 사용

다음 표에서 HTTP/1.1 헤더 필드는 다음과 같은 주석이 추가된 레이블을 사용한다.

- MANDATORY : 반드시 필요함.
- OPTIONAL : 사용자의 재량에 따름
- DISCOURAGED : 명시적으로 금지하지는 않으나, 권장하지도 않음.

[표 5.1] HTTP 헤더

Header	Used in Message Type		RFC Required / Optional	SEP2 Recommendation
Accept	Request		Optional	
Accept-Charset	Request		Optional	Discouraged
Accept-Encoding	Request		Optional	Discouraged
Accept-Language	Request		Optional	Discouraged
Accept-Ranges	Request	Response	Optional	Discouraged
Age		Response		Discouraged
Allow		Response		Discouraged
Cache-Control	Request	Response	Optional	
Connection	Request	Response	Optional	Discouraged
Content-Encoding	Request			Discouraged
Content-Language		Response		
Content-Length		Response	Optional	Discouraged
Content-Location	Request	Response	Optional	Discouraged
Content-MD5		Response	Optional	Discouraged
Content-Range		Response	Optional	Optional
Content-Type	Request	Response	Required	Mandatory
Cookies			Optional	Discouraged
Date	Request	Response		Discouraged
ETag		Response	Optional	Discouraged
Expect	Request			Discouraged
Expires		Response	Optional	Discouraged
From	Request			Discouraged
Host	Request		Required	Mandatory
If-Match	Request		Optional	Discouraged
If-Modified-Since	Request		Optional	Discouraged
If-None-Match	Request		Optional	Discouraged
If-Range	Request		Optional	Discouraged

If-Unmodified-Since	Request		Optional	Discouraged
Last-Modified		Response	Optional	Discouraged
Location		Response		Mandatory
Max-Forwards	Request		Optional	Discouraged
Pragma	Request	Response	Optional	Discouraged
Proxy-Authenticate		Response	Optional	Discouraged
Proxy-Authorization	Request		Optional	Discouraged
Range	Request		Optional	Discouraged
Referrer	Request		Optional	Discouraged
Retry-After		Response	Optional	Discouraged
Server		Response	Optional	Discouraged
TE	Request		Discouraged	Discouraged
Trailer		Response	Discouraged	Discouraged
Transfer-Encoding		Response	Optional	Discouraged
Upgrade	Request		Optional	Discouraged
User-Agent	Request		Optional	Discouraged
Vary		Response	Discouraged	Discouraged
Via	Request	Response	Optional	Discouraged
Warning	Request	Response	Discouraged	Discouraged
WWW-Authenticate		Response	Optional	Discouraged

5.1.5.4 HTTP 응답 코드

SEP 클라이언트가 모든 HTTP 클라이언트처럼, [RFC 2616]에 의해 정의된 HTTP 코드를 볼 수 있다. 모든 사용 및 HTTP 응답 코드에 대한 반응은 사양과 RFC를 준수해야 한다.

(1) 일반 응답

다음의 HTTP 응답 코드는 가장 중요한 사양에 해당되는 것으로 간주된다.

① 1xx(Informational)

이러한 응답 코드는 정보를 제공할 목적에서, 서버가 어떠한 방식으로 계속 처리할 것을 나타내는데 사용된다. 클라이언트는 100(계속) 상태 메시지를 기대하지 않는 경우에도 정기적인 응답을 하기 전에 하나 이상의 1xx 상태 응답을 수락할 준비가 되어 있어야 한다. 예기치 않은 1xx 상태 응답은 사용자 에이전트에 의해 무시될 수 있다.

② 200(OK)

이러한 응답 코드는 성공적으로 거래를 표시하는데 전송된다. 이 응답 코드는 리소스의 표현을 포함하는 entity-body를 포함한 성공적인 GET 요청에 대한 응답으로 종종 사용된다. PUT, POST, DELETE 요청 응답에서 이러한 응답 코드의 사용은 자제되며, entity-body에 리소스 표현을 반환하여 발생하는 잠재적으로 불필요한 트래픽을 방지할 수 있다.

③ 201(Created)

이 응답 코드는 새로운 리소스가 PUT 또는 POST로 클라이언트의 요청에 따라 생성된 표시로 전송된다. 위치 헤더가 새로 만든 리소스의 URI를 표시하려면 이 응답 코드와 함께 사용되어야한다. 응답의 entity-body에 새로 만든 리소스의 표현의 포함은 대역폭을 절약하기 위해 자제되어 있다.

④ 204(No Content)

이 응답 코드는 성공적으로 거래를 하지만, 응답 entity-body가 포함되지 않을 경우 전송된다. 이 응답 코드는 종종 성공적인 PUT, POST 요청 응답으로 쓰이기도 하는데, 여기서 리소스는 수정되거나, 만들어지지 않은 상태이다. 이 응답 코드는 성공적인 DELETE 요청에 대한 응답으로 전송된다. 이 응답 코드는 또한 성공적인 GET 요청에 대한 응답으로 쓰이는데 여기서 리소스는 존재하나, 빈 공간으로 표시된다. 게다가 빈 공간으로 표시된 리소스의 URI가 없을 경우 이 응답 코드는 반드시 반환되어야 한다.

⑤ 301(Moved Permanently)

이 응답 코드는 요청된 자원이 새로운 URI를 가지고 나타내기 위해 전송된다. 위치 헤더가 요청된 자원의 새로운 URI를 표시하려면 이 응답 코드와 함께 사용되어야 하며, 응답의 entity-body가 비어있어야 한다. 이 응답 코드의 예기치 못한 수령 후, 클라이언트가 어떤 리소스가 위치를 변경하는지 결정하는 자원 검색을 수행해야 한다.

⑤ 302(Redirect)

위치 헤더가 요청된 자원의 새로운 URI를 표시하려면 이 응답 코드와 함께 사용되어야 한다. 응답의 이 entity-body가 비어있어야 한다. 이 응답 코드는 종종 URI의 HTTP로 요청 HTTPS로 리다이렉션에 사용된다.

⑥ 400(Bad Request)

이 응답 코드는 클라이언트 측 오류를 표시하는 데 사용되며 다른 '4 XX 응답 코드가 적절하지 않을 때 사용된다. 가끔 이 응답 코드는 PUT 또는 POST와 클라이언트에 의해 전송된 표현이 적절하지 않거나 잘못되었음을 나타낸다. [RFC 2616] 상태에서는 모든 인터넷 기반 HTTP/1.1 서버는 호스트 헤더 필드를 부족하는 HTTP/1.1 요청 메시지에 대한 400(잘못된 요청) 상태 코드로 응답해야 한다.

⑦ 401(Unauthorized)

클라이언트가 리소스에 요청 작업을 수행할 적절한 권한이 없는 경우 이 응답 코드가 사용된다. 서버가 자원의 존재를 알고하는 클라이언트를 희망하지 않은 경우, 그 대신에 404("Not Found") 응답 코드를 보낼 것이다. [RFC 2616] 상태에서, 응답은 요청된 자원에 적용 도전을 포함하는 WWW-인증 헤더 필드를 포함해야 한다.

⑧ 404(Not Found)

이 응답 코드는 리소스가 지정된 URI에서 찾을 수 있는 것이 없다는 것을 나타내는 데 사용된다. 이 응답 코드는 401 응답 코드 대신에 또한 사용될 수있다.

⑨ 405(Method Not Allowed)

이 응답 코드는 리소스가 HTTP 메소드를 클라이언트가 사용을 허용하지 않는 것을 나타내는 데 사용된다. [RFC 2616] 상태에서, 응답은 요청 된 리소스에 대한 유효한 방법의 목록을 포함하는 허용 헤더를 포함해야 한다.

⑩ 406(Method Not Allowed)

이 응답 코드는 서버가 요청에 보낸 Accept 헤더에 따라 허용되는 응답을 생성할 수 없는 것으로 표시하는 데 사용된다.

⑪ 417(Expectation Failed)

이 응답 코드는 기대하는 요청 헤더 필드가 서버에 의해 충족되지 않거나, 서버가 주어진 기대를 지원하지 않을 경우를 가리키는데 사용된다.

⑫ 500(Internal Server Error)

이 응답 코드는 서버가 내부 문제를 가지고 있을 때 사용되는 일반적인 응답이다.

⑬ 501(Not Implemented)

이 응답 코드는 클라이언트가 서버가 지원하지 않는 HTTP의 기능을 사용하려고 시도할 때 사용된다.

(2) 최소 이해

장치가 HTTP 응답 코드 최소한의 이해로 운영하고자 하는 경우, 그 응답의 일반적인 범주를 이해하는 응답 코드의 첫 번째 숫자를 검토하고 그 클래스의 x00 상태 코드에 해당되는 것으로, 어떤 인식할 수 없는 응답을 캐시해서는 안 되는 예외와 더불어, 인식할 수 없는 응답을 처리만하면 된다.

5.1.5.5 응용 프로그램 페이로드 구문

XML[XML]이나 EXI[EXI] SHALL을 이용한 응용프로그램 페이로드 메시지 인코딩은 모든 서버와 클라이언트에 의해 지원된다. XML 선언문은 반드시 포함되어야 할 필요 없이 선택사항이다. XML 버전은 1.0 버전을 사용한다.

(1) 페이로드 인코딩 고려사항

특정 데이터 페이로드는 XML이나, EXI(Efficient XML Interchange)P를 이용해 인코딩 된다. 또한 EXI 워킹 그룹은 [EXIBP]에서 HTTP와 함께 EXI의 사용에 대한 정보를 제공한다. [EXIBP]에서 파생된 최초의 실제적인 예는 페이로드 컨텐츠 특성화 헤더를 수락하고 응답 페이로드가 특성화된 컨텐츠타입 페이로드를 사용하는 응답과 함께 인코딩되는 GET 방법이다. 아래의 예는 그 예시이다.

GET request 예시:
GET /foo HTTP/1.1 1210
Host: www.example.site 1211
Accept: application/sep-exi; level=+S0

응답 예시:
HTTP/1.1 200 OK 1214
Content-Length: 360 1215
Content-Type: application/sep-exi
{EXI data goes here…}

여기서 요청안의 키 헤더는 ACCEPT이고, 응답의 키 헤더는 Content-Type 이다. 또한 일부 상황의 예를 들어, 초기 PUT 또는 POST 요청이 많은 양의 데이터가 포함되어있는 경우 클라이언트와 서버 간의 사전 합의를 필요로 할 수 있다. 이 경우 HTTP OPTIONS 방법은 앞서 전송 인코딩으로 EXI의 가용성에 대해 시간을 문의할 수 있는 클라이언트에서 사용할 수 있다. 서버가 수행 할 수 있는 EXI 인코딩 리소스에 대한 요청을 수신 할 경우, 서버가 406 상태 코드를 반환될 것으로 예상된다.

(2) Fixed Schemas

개체 모델은 XML Schema Definitions(XSDs)의 모음을 산출한다. XSDs는 데이터 타입 버전의 XML을 사용하여 작성해야 하고, 네임스페이스는 개체 모델에 연결되어 있다. XSDs는 다운로드 [ZB 10-6049]에 사용할 수 있는 별도의 패키지에 제공되며, 다음과 같은 요구 사항이 SEP 2에 충족되어야 한다.

- Schema SHALL은 향후 SEP2의 향휴 릴리즈에 대해 고정 및 확장 또는 일부 사용 중지 되지만, 삭제되지는 않는다.
- SEP 2에 대한 업데이트는 받았는데 장치가 데이터 유형 또는 이름 공간이 재정의될 때, 업데이트 된 스키마에 개발 된 새로운 장치와 통신하는 데 필요한 기존의 스키마를 재정의하지 않을 것이다.

고정된 스키마의 정의는 요구조건을 확장하거나 무시하지 않거나, 절대로 재정의를 저렴한 비용의 정의로 수락하지 않는 디바이스 기반의 고정된 스키마이다. 이러한 장치와 앞으로의 호환성을 유지하기 위해 SEP 2 개체 모델과 스키마는 유지하고 앞으로의 호환성을 지원하기 위해 관리해야 한다.

5.1.5.6 내용 협상

EXI 기능이 있는 노드는 HTTP 1.1 [RFC 2616]에 표준 HTTP 내용 협상을 따라야 한다. GET 요청을 위해, EXI나 XML 메시지를 수신할 클라이언트들은 반드시 다음과 같이 수락 헤더를 보내야 한다.

Accept: application/sep-exi;level=+S0, application/sep+xml;level=+S0

또는 클라이언트가 XML 인코딩을 수락하지 않을 경우, 수락 헤더는 반드시 밑의 예에 따라야 한다.

Accept: application/sep-exi;level=-S0

5.1.5.7 압축 인코딩

노드는 XML의 압축 대체 인코딩 같은 'application/sep-exi' 컨텐츠 유형을 사용하여, EXI를 사용할 수 있다. 서버는 메시지를 UTF-8 XML 일반 문자열 인코딩 및 EXI 스트림으로 인코딩을 모두 보내고 받을 수 있다. SEP2 클라이언트는 일반 UTF-8 중 XML 문자열이나 메시지 인코딩으로 EXI 스트림을 사용할 수 있다.

(1) 기본 스카마와 확장 레벨 문자열

통신에 사용되는 기본 스키마는, 간단하고 명확한 문자열을 선언해야 한다. 이 부분은 허용 인코딩과 노드의 확장을 선언하는 데 사용하는 문자열에 대한 규칙을 정의한다. 확장 레벨은 기본 스키마와 임의의 확장기능을 정의한다. 확장 레벨 문자열은 "S0" 또는 "+ S0" 중 하나다. Application/sep-exi는 EXI 기능을 가리키며, S0는 SEP 2의 기본 스키마 버전을 나타낸다. S0는 노드가 기본 스키마에 정의되지 않은 임의의 태그를 허용하지 않는 것을 나타낸다. 그리

고 "+ S0"는 임의의 태그를 허용하는 것을 나타낸다. "S0"와 노드는 임의의 유형, 요소, 인코딩에 사용되는 스키마에 정의되지 않은 속성과 EXI 또는 XML 메시지에 오류를 반환할 수 있다. 임의의 타입과 요소의 메시지를 보내는 임의의 노드들은 "-S0" 선언을 피해야 한다. 레벨 문자열의 형식은 '(- | +) S [i]'이며, 여기서 I는 기본스키마 버전을 설명하는 특성이다. SEP2.x 스키마 확장은 이전 버전과 호환되어야 하며, 노드는 선언 스키마 ID 'S [I]'가 'S0'와 'S [I]'사이의 모든 버전에 호환되도록 가정할 수 있다.

클라이언트는 서버가 확장된 속성 / 요소와 메시지를 보내기 전에 서버에서 작업을 PUT / POST 하기 전에 EXI 문서의 비 엄격한 부분이 허용하는 경우의 세 가지 사항을 반드시 체크해야 한다. 또한 서버는 클라이언트가 확장 속성 / 요소와 메시지를 반환하기 전에 주어진 클라이언트에 작업의 GET에 대한 답변을 하기 전에 EXI 문서의 확장이 아닌 엄격한 부분을 받아들이는 것을 확인해야 한다.

(2) HTTP 헤더를 이용한 협상

클라이언트 SHALL은 Accept-extension와 함께 확장레벨을 선언한다. 이것은 리소스를 발견하는 동안 발견된 확장 선언을 대체하며 예는 다음과 같다.

"Accept: application/sep-exi; level=-S0"

노드의 기본 스키마가 가리키는 것은 SEP2와 스키마 안에 정의되지 않은 임의의 태그를 수락하지 않는 노드이다.

5.1.5.8 EXI Encoding 옵션

EXI documents SHALL을 위한 옵션은 아래의 내용과 같으며, 노드들은 다른 옵션이 명시될 경우, 반환될 것이다. 기본값에 명시된 옵션들은 [EXI] 기본값 특정 EXI이며, 이는 명시되지 않는다.

- Non-strict schema-informed grammar with the schema [ZB 10-6049]
- Alignment is bit-packed(default)
- Compression is false(default)
- Strict is false(default)
- Fragment is false(default)
- Preserve options are all false(default)
- selfContained is false(default)
- schemaId is "S0"(two bytes: 0x53, 0x30, without quotes). This SchemaID corresponds to the normative schema of SEP 2.0.

- datatypeRepresentationMap is not used(default)
- valueMaxLength is unbounded(default)
- valuePartitionCapacity is unbounded(default)
- No user defined meta-data

XML 특성은 SHALL이 메시지 인코드를 이용한 EXI 옵션 헤더를 설명한다.

```
<header xmlns="http://www.w3.org/2009/exi">
<common><schemaId>S0</schemaId></common>
</header>
```

5.1.6 디바이스 요구조건

HAN에서 발생하는 많은 다양한 상호작용은 SEP 2.0의 편리한 페러디임에 따라 클라이언트와 서버로 정의될 수 있다. 서버가 리소스를 호스팅하는 장치라면, 클라이언트는 확장, 업데이트 또는 리소스의 삭제 표현을 얻는 장치이다. 장치는 클라이언트와 서버 모두가 될 수 있다. RESTful 페러다임에 의해 요청 메세지는 일반적으로 클라이언트에 전송되지 않는다. 클라이언트는 리소스의 현재상태의 표현을 얻는 서버를 조사하고, 그 상태에 기반하여 조치를 취한다. 예를 들어, IHD는 미터링 리소스의 표현을 획득하는 미터를 조사한다거나, DRLC 디바이스는 최근 이벤트 리스트 획득 DRLC 서버를 조사할 것이다. 폴링을 줄이기 위해, 리소스의 비효율적인 사용을 하는 디바이스는 리소스에 가입할 수도 있다. 리소스에 대한 변경의 경우 서버는 각 해당 리소스에 대한 알람을 구독하는 각 클라이언트에 대한 연락을 할 수 있다.

5.1.7 보안

하위 물리네트워크에 따라, 메시지는 낮은 계층에서 암호화되며, 보안 형태는 응용 계층을 위해 특별히 제공된다. 이번 장에서는 어플리케이션에서 제공되는 보안 형태와 모든 네트워크의 이용을 위한 요구사항을 설명한다.

5.1.7.1 보안 개요

서버와 클라이언트 사이의 보안 상호작용은 TLS버전 1.2를 사용한 TLS[RFC 2818에 의한 HTTP 사용을 기반으로 하며, TLS 레코드는 TCP를 사용하여 전송한다. TLS 핸드 쉐이크 메커니즘은 장치 증명서 또는 자체 서명 인증서와 TLS 기록 작업의 AES-CCM 모드를 사용하여 암호화 및 메시지 인증을 제공을 기반으로 상호 인증을 제공한다. 이는 인증 수준 및 클라이언트 식별자 및 주소 정보와 등록 목록에 따라 리소스에 대한 액세스 제어 및 클라이언트에 권한을 부여하는 데 사용된다.

5.1.7.2 보안 속성

보안 속성은 등록 제어 및 제어 목록에 엑세스 할 수 있는 메커니즘을 나타내는 개념 변수이다. 반드시 속성이 구현방식을 대변하지 않으며, 속성에 대한 액세스 방법(예를 들어, API를)은 이 사양의 범위를 벗어난다.

(1) 등록 속성

[표 5.2] 등록 속성

Attribute	Identifier	Type	Range	Description	Default
aclRegistrationList	0x00	List	–	A table of RegistrationDescriptors each with information for a specific registration	(empty)
aclRegistrationList Entries	0x01	Integer	Implementation specific	Number of entries in aclRegistrationList	0

[표 5.3] 등록 설명자 항목

Name	Type	Range	Description	Default
PIN	Integer	0–999999	6–digit PIN (5 plus check digit) for basic server validation	–
SFDI	SFDI	–	SFDI of registering device	–
DeviceType	Integer	0–3	Minimum required device type	0
HardwareModuleName	String	–	Optional additional hardware module information	–

(2) 접근 제어 리스트 특성

[표 5.4] 접근 제어 리스트

Attribute	Identifier	Type	Range	Description	Default
aclDefault Access	0x00	Access Descriptor	–	Default access to resource	–
aclSpecificIDList	0x03	List	–	A list of SpecificIDDescriptors for each specific client host access to resource	–
aclSpecificIDList Entries	0x04	Integer	Implementation specific	Number of entries in aclSpecificIDList	0

[표 5.5] 접근 설명자 항목

Name	Type	Range	Description	Default
Method	Bitmap	0x0 – 0xf	Bitmap of which methods are supported: 0x1: GET 0x2: PUT 0x4: POST 0x8: DELETE	0x0
AuthType	Integer	0x0 – 0x0f	Bitmap of which authentication types are allowed: 0x1: No authentication 0x2: User authentication 0x4:Self-signed Certificate 0x8: Device Certificate Remaining bits are reserved for authentication types not defined by this specification but by an additional security policy	0x0
DeviceType	Integer	0-3	Device type: 0: Unknown	0

[표 5.6] 특정 ID 설명자 항목

Name	Type	Range	Description	Default
Access	Access Descriptor	-	Access levels required for client host	-
IPAddr	IPAddr	-	IP Address of client host	-
Port	Integer	0x0000 - 0xffff	Port of client host 0: Wildcard(any port)	0
LFDI	LFDI	-	LFDI of device originating incoming request: 0: unknown	-

액세스 제어 목록(ACL) 속성은 액세스 제어 목록의 사용을 통해 특정 자원을 지정 방식을 사용하여 권한을 부여하고 취소를 위한 메커니즘을 제공한다. 리소스보다 더 세분화 된 컨트롤이 사양 범위를 벗어나 액세스 할 수 있다. 이러한 제어 목록(ACL)은 사양에 걸쳐 사용하기 위한 것이며, 이 메커니즘은 자원을 세분화 액세스 제어를 허용하기 위한 것이다.

ACL는 권한을 거부하지 않고, 기본 권한을 설정 및 추가 권한을 부여하는 데 사용된다. 지정된 호스트의 요청을 명시적으로 연관된 ACL에서 필요한 권한을 충족하지 않을 경우, 해당 호스트는 그 권한이 없다. 이는 주어진 리소스 L에 대한 ACL의 기본 구성은 리소스가 다른 호스트에 액세스 할 수 없다는 것을 의미한다. 실제로, 모든 ACL은 보안 정책에 따라 시작시 적절하게 초기화되어야 하며 이후 등록 및 인증에 따라 변경될 수 있다. 동적으로 생성되는 하위 리소스는 처음에 상위 자원으로부터 ACL을 상속한다. ACL은 정적으로 몇 가지 리소스에 대한 기본 작업 고정 및 기타 항목에 대해 동적 및 확장 할 수 있다. 리소스 ACL이 없는 경우, 액세스는 무조건 리소스에 부여된다.

최소한의 요구 사항을 넘어서는 ACL의 초기화는 이 사양에 범위를 초과하며 이러한 사양에는 전반적인 보안 정책이 적용된다.

① aclDefaultAccess

ACL 내에서의 aclDefaultAccess 수신 요청의 소스의 신원에 관계없이 설정하는 데 사용되며, 들어오는 HTTP 요청을 인증하기 위해 처음에 사용된다.

② SpecificIDDescriptor Entry

ACL에서 SpecificIDDescriptor 항목은 특정 추가 검사가 소스의 신원(IP 주소와 포트)을 기반으로 권한을 부여하기 위해 수행할 수 있도록 하는 데 사용한다.

③ Access Authorization

해당 ACL 항목 수단은 다음과 같다.

- 들어오는 HTTP 요청의 소스 IP 주소와 포트를 일치하는 첫 번째 SpecificIDDescriptor 항목
- 기타 aclDefaultAccess 항목

④ 수단 특성

다음의 수단은 HTTP 요청수단이 호스트 접근에 동의되는 제어에 사용된다.

- GET
- PUT
- POST
- DELETE

들어오는 HTTP 요청의 HTTP 메소드를 체크하고 Method가 해당 ACL 항목에서 허용하는 경우, 방법 승인은 TRUE 될 것이다.

⑤ 속성인증 속성

인증 방식 속성은 클라이언트 호스트가 들어오는 HTTP / HTTPS 요청에서 사용할 수있는 필요한 인증 유형을 제어하는 데 사용된다.

- 0x1 : 인증 없음
- 0x2 : 사용자 인증
- 0x4 : 자가 서명된 인증서
- 0x8 : 장치 인증서

들어오는 HTTP 요청이 HTTPS(일반적으로 포트 443)와 연결된 포트로 향하는 경우, 수신 인증 유형은 해당 TLS 세션 인증 유형으로 설정된다. 들어오는 HTTP 요청이 HTTP(일반적으로 포트 80)에 연결된 포트로 향하는 경우 인증 유형은 0x1로(NO 인증)로 설정된다.

들어오는 인증 유형은 해당 ACL 항목의 인증 방식의 비트맵과 비교되고 해당 인증 유형이 해당 ACL 항목의 인증방식에 설정되어 있는 경우, 속성인증이 허가될 것이며, 다음은 그 예이다.

```
if (authentication type & AuthType) != 0:
    AuthType authorization = TRUE
else
    AuthType authorization = FALSE
```

⑥ 디바이스 타입 속성

DeviceType 속성은 클라이언트 호스트의 수신 HTTP 요청의 필요한 장치 유형을 제어하는데 사용된다.

들어오는 HTTP 요청이 HTTPS(일반적으로 포트 443)와 연결된 포트로 향하는 경우, 수신 장치 유형은 해당 TLS 세션 장치 유형으로 설정되고, 들어오는 HTTP 요청이 HTTP(일반적으로 포트 80)에 연결된 포트로 향하는 경우, 장치 유형이 0(알 수 없음)으로 설정된다. 만약 ACL의 디바이스 타입에서 0으로 셋팅이 되면 디바이스 타입 인증은 무조건 허가될 것이다. 그렇지 않으면 수신 장치 유형은 해당 ACL 항목의 디바이스 타입과 비교 되며, 장치 유형이 해당 ACL 항목의 디바이스 타입과 동일한 경우 디바이스 타입 승인이 TRUE 될 것이다.

⑦ LFDI 속성

LFDI 속성은 클라이언트 호스트의 수신 HTTP 요청의 요구 LFDI(long form device identifier)를 제어하는 데 사용된다.

들어오는 HTTP 요청이 HTTPS(일반적으로 포트 443)와 연결된 포트로 향하는 경우, 수신 LFDI는 해당 TLS 세션에서 클라이언트 호스트의 LFDI로 설정되며, 들어오는 HTTP 요청이 HTTP(일반적으로 포트 80)에 연결된 포트로 향하는 경우 LFDI이 0(알 수 없음)으로 설정된다. 여기서, 해당 ACL 항목이 aclDefaultAccess인 경우, LFDI 인증이 TRUE 될 것이고, 해당 ACL 항목의 LFDI 0으로 설정하면 LFDI 인증은 무조건 TRUE 될 것이다. 그렇지 않으면 들어오는 LFDI는 해당 ACL 항목과 LFDI 인증에 LFDI와 비교하고, LFDI가 해당 ACL 항목의 LFDI와 동일한 경우, TRUE 될 것이다.

⑧ 인증 로직

방법 인증, 속성타입 인증, 디바이스타입 인증 및 LFDI 인증이 모두 TRUE 인 경우 인증이 부여된다. 이러한 경우 리소스로 접근이 허가된다. 만약 인증이 부여되면 서버는 즉시 이러한 응답을 보낸다.

HTTP/1.1 404 Not Found

이러한 응답이 올 때, 계속 작업을 진행한다.

⑨ ACL 예시

여기서는 EndDeviceList와 EndDevice를 사용하여 제어 목록(ACL)의 사용을 설명한다.

- EndDeviceList : EndDeviceList 자원은 일반적으로 목록에 자신의 항목을 찾을 수있는 클라이언트 호스트에 액세스 할 수 있다. 따라서 ACL은 [표 5.7]과 같이 될 것이다.
- EndDevice : 클라이언트 호스트에 대한 EndDevice 리소스는 등록하기 전에 존재하지 않는다. 또한 생성할 수 있는 최초의 포인트는 등록 시점에 있다.

[표 5.7] EndDeviceList를 위한 ACL 예시

Attribute	Comment
aclDefaultAccess	Method: 0x01 (GET only) AuthType: 0x1 (no authentication) Device Type: 0 (unknown)
aclSpecificIDList	Empty
aclSpecificIDListEntries	0

[표 5.8] 등록 포인트에서의 EndDevce에 대한 ACL 항목 예제

Name	Type	Range	Description	Default
PIN	Integer	0-999999	6-digit PIN (5 plus check digit) for basic server validation	-
SFDI	SFDI	0 - 68719476735, 2^36-1	SFDI of registering device	-
DeviceType	Integer	0-3	Registering device type	0
HardwareModule Name	String	-	Optional additional hardware module information	-

이 상태에서 더 이상의 기본 액세스는 없다. 하지만 이 장치가 실제로 EndDeviceList 자원에 액세스 SpecificIDDescriptor가 반영되기를 준비하고 있다.

클라이언트 호스트가 TLS를 사용하여 기능 세트 서버에 모든 자원에 대한 액세스를 시도하면 그것은 클라이언트 호스트의 인증서를 전송 포함 TLS 핸드 쉐이크를 수행하기 시작한다. 액세스 포인트에서 대기 중인 등록이 있을 경우, 그것은 클라이언트 호스트의 장치에 대해 확인되며, 일치 및 검증 인증서의 SFDI가 일치되는 경우 EndDevice에 대한 ACL은 다음과 같은 추가 SpecificIDDescriptor로 채워진다.

[표 5.9] 클라이언트 호스트 접근의 포인트에서의 EndDevice에대한 ACL 항목 예시

Attribute	Comment
aclDefaultAccess	Method: 0x00 (GET only) AuthType: 0x1 (no authentication) Device Type: 0 (unknown)
aclSpecificIDList	One SpecificIDDescriptor for client host
aclSpecificIDListEntries	1

[표 5.10] 클라이언트 호스트 접근의 포인트에서의 EndDevice에 대한 특정ID 설명자 예시

Name	Type	Range	Description	Default
Access	Access Descriptor	–	Access levels required for client host: Method: 0xF (GET, PUT, POST, DELETE) AuthType: 0x8 (DeviceCertificate) DeviceType: (as appropriate for device)	–
IPAddr	IPAddr	–	IP Address of client host	–
Port	Integer	0x0000 – 0xffff	Port of client host	0
LFDI	LFDI	–	LFDI of client host	–

5.1.7.3 장치 자격 증명

이것은 크게 두 가지의 기본적인 자격증이 있다.

- Device Identifier
- PIN

이러한 것들은 등록 목적으로 사용되는 등록 코드로 결합할 수 있다.

(1) Device Identifier

Device Identifier는 고유 장치 식별 기밀 값이다. Device Identifier는 SHA256 인증서 지문에서 파생된 내용으로, 이것은 전체 DER로 인코딩된 인증서지문을 통해 SHA 작업을 수행한 결과에 따른다. 인증서지문은 이후 keying 자료를 파생하는데 사용되지 않으므로, 중요한 사항은 아니다.

다음은 어떠한 일러스트에 사용된 핑거프린트의 예시이며, 이러한 형태로 구성된다.

3E4F-45AB-31ED-FE5B-67E3-43E5-E456-2E31-984E-23E5-349E-2AD7-4567-2ED1-45EE-213A

(2) Short-form Device Identifier(SFDI)

SFDI는 36 비트의 남아있는 인증서의 SHA256 해시이다. 이러한 것을 표시하기 위해, 은 마우스 오른쪽 단추로 연결된 자리 추가 금액 수준의 자리 체크섬으로, 11 진수(기본 10) 자리로 표현한다. 다음은 그 예이다.

36 비트 왼쪽으로 잘라 내기 : 0x3E4F45AB3

소수점으로 표현 : 16726121139

Hyphenated : 167-261-211-39
체크비트의 오른쪽 결합 : 167-261-211-391

입력 검증을 위해 지문의 숫자의 합이 체크섬 숫자모드 10을 포함할 경우, 제로가 될 것이다. SFDI 고유의 사용의 맥락에서 장치를 식별 할 수 있는 충분한 엔트로피(2^36)를 가지고 있으며 HAN 또는 사이트 도메인 내에서 장치를 식별하는 데 사용된다. 그것은 진정한 글로벌 컨텍스트에 사용할 수 없다.

CA-서명 기기 인증서가 있는 장치의 경우 SFDI은 장치 포장에 인쇄할 수 있다.

(3) Long-form Device Identifier(LFDI)

LFDI는 160 비트의 왼쪽에 남아있는 인증서의 SHA 256 해시이다. 이를 표현하기 위해, 이것을 4개씩 16진수의 40개의 수로 이루어져 있으며, 다음은 위의 장치 인증서에서 나온 지문을 기반으로 한 예제이다.

3E4F-45AB-31ED-FE5B-67E3-43E5-E456-2E31-984E-1495 23E5

LFDI는 전 세계적으로 고유한 인증서가 필요한 경우, 특정 장치와 관련된 서비스 체공 업체로 이벤트를 보내는 예를 들어 사용된다.

(4) 6-digit PIN code

장치 식별자는 공개 정보(즉, 잠재적으로 도청에 의해 재현 할 수 있는 증명서)에서 파생된다. 따라서, 장치는 또한 장치 식별자와 함께 서비스 제공자와 대역 공유가 가능한 추가 6 자리 PIN 코드를 가진다. 표현을 위해, 이것은 추가 자리 추가 합 수준의 자리 체크섬(예 : 123-455)에, 5 십진수(기본 10) 자리로 표현한다.

PIN은 클라이언트 호스트가 올바른 서버와 통신하는 것으로 검증할 수 있는 등록 자원을 통해 EndDevice 서버에서 얻을 수 있다. PIN은 등록 목적을 위해 가능한 한 가입 장치에 구성해야 하며, 그렇지 않으면 임의의 5 자리 값이 플러스 자리 장치에 미리 프로그램 및 장치에서 인쇄를 확인해야한다. PIN은 절대적으로 안전한 방법은 아니며, 따라서 실제 데이터 암호화에 대한 키를 유도할 수 있는 방법으로 사용할 수 없다.

(5) Registration code

SFDI와 PIN은 일반적으로 따로 표현된다. 그러나 특정 경우에 그것은 단순히 어느 SFDI의 결합이며, 소수점(기본 10) 숫자로 표현되는 하나의 등록 코드를 제공하는 것이 편리할 수 있다. 위의 SFDI 예제에서 사용한 코드를 바탕으로, 이것을 QR코드로 변형화하여 표현하면 다음과 같다.

[그림 5.10] QR코드로 나타낸 등록 코드

이 QR 코드는 숫자 167,261,211,391,123,455를 나타낸다.

5.1.7.4 Resource Access Authentication and Authorization context

일단 인증 및 네트워크 접속을 통해 승인된 노드는 자유롭게 네트워크 계층에서 네트워크 통신을 할 수 있다. 그러나, 액세스 리소스에 대한 응용 프로그램 계층에서의 인증 및 권한 부여는 일반적으로 호스트가 서로가 클라이언트 호스트로 자원을 서버 호스트로 자원을 제공하거나 액세스 중 하나와 통신할 수 있도록 발생한다. 유틸리티 또는 타사 서비스 제공 업체와 등록은 또한 응용 프로그램 계층에서 명시 적 장치 및 사용자 인증을 제공하기 위해 필요할 수 있다.

리소스 엑세스가 요구하는 인증, 데이터 기밀성, 무결성 검사는 TLS 버전 1.2 [RFC 5246]를 사용하여 TLS [RFC 2818](도 HTTPS라고도 함)를 통해 HTTP를 사용하여 서버 호스트에 클라이언트 호스트의 요청을 통해 발생한다.

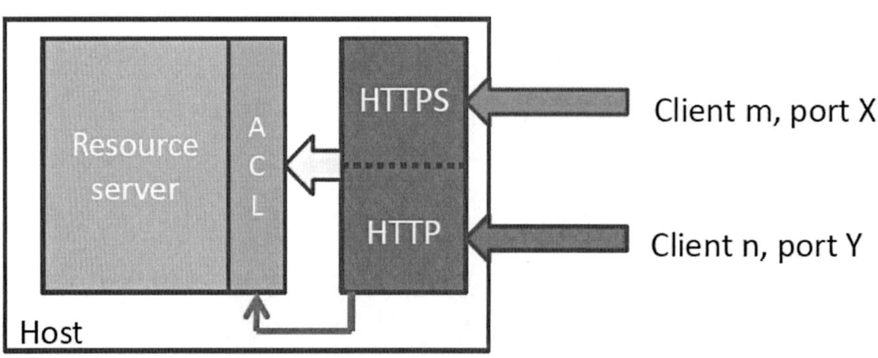

[그림 5.11] Application 인증 및 인증 컨텍스트

요청이 HTTPS(일반적으로 포트 443)에 연결된 포트에 구성되어 있는 경우, 이것은 HTTPS 요청으로 간주되며, 인증이 위치할 것이다. 인증이 적용되지 않은 경우, 인증을 시작한다. 인증하면, 요청은 다음 리소스와 관련된 ACL(액세스 제어 목록)에 전달된다. 보안 세션, 클라이언트 인증 특히 수준에서 얻은 요청에 대한 부수적인 정보는 ACL에 전달한다.

요청이 HTTP(일반적으로 포트 80)에 연결된 포트에 구성되어있는 경우, 이 HTTP 요청으로 간주되어 인증이 필요하지 않으며, 요청이 다음 자원과 관련된 ACL에 전달된다. 클라이언트가 인증되지 않은 내용의 요청에 대한 부수적 인 정보는 ACL에 전달한다.

Request by request 기준 승인은 클라이언트 인증의 수준에 따라 인증의 끝 부분에 설정될 수 있는 리소스에 대한 ACL 설정에 의해 결정된다. 또한 등록 목록이 추가로 device-by-device 장치 기반으로 권한을 부여하는 데 사용할 수 있다.

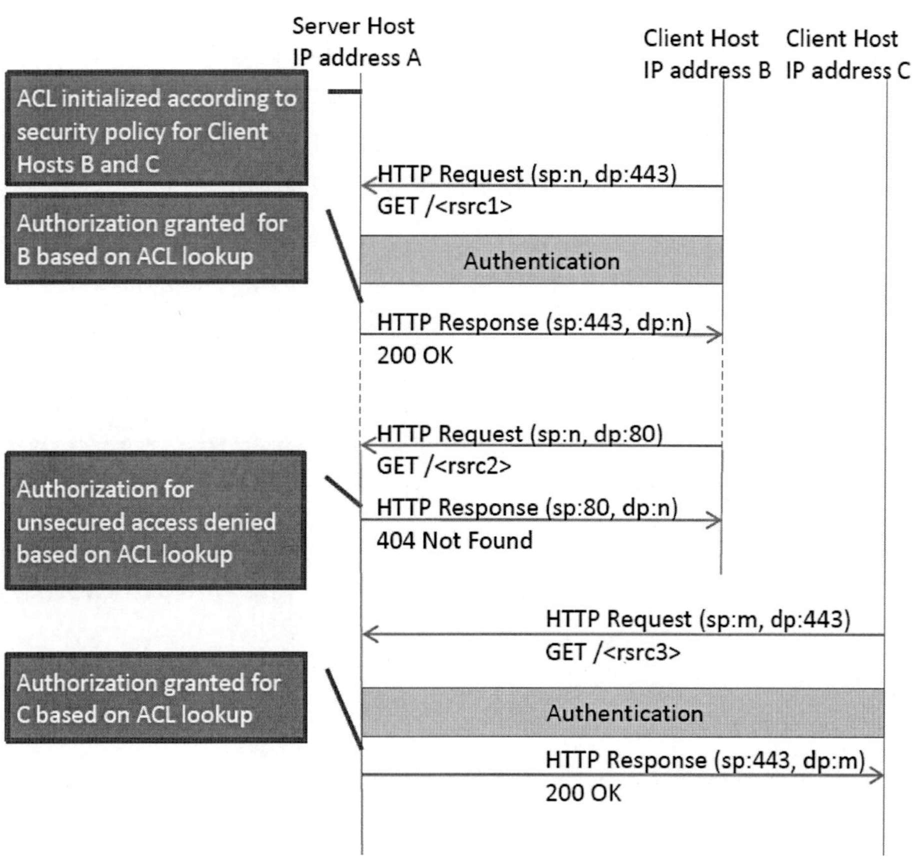

[그림 5.12] HTTPS-Port 443을 이용한 장치 인증 순서

5.1.7.5 리소스 접근 인증

리소스 접근 인증은 오직 HTTPS를 이용하여 응용한다. 이 HTTP 전용 거래에 따라 인증을 사용하여 높은 수준의 인증을 할 수있을 수 있지만, 이 사양에서는 범위를 벗어난 기능이며, TLS [RFC 5246]의 사용은 서버 기능을 구현하는 모든 호스트가 장치 인증을 요구한다.

Application 인증 과정은 다음과 같다.

1. 리소스의 서버 호스트는 HTTPS(일반적으로 포트 443)와 TCP 포트 관련에서 수신 대기 한다.
2. 클라이언트 호스트는 HTTPS와 관련된 TCP 포트를 사용하여 리소스의 서버 호스트에 무작위로 사용하지 않는 소스 TCP 포트를 사용하여 HTTP 요청을 시작한다.
3. 전혀 TLS 세션이 자리에 없는 경우 TLS 핸드셰이크는 클라이언트 호스트 및 서버 호스트 사이에 발생한다. 여기서 서버 호스트의 인증은 [RFC 5246]에 설명된 대로의 기기 인증서를 확인하여 TLS 핸드셰이크의 일부로 고유의 PKI를 사용하여 수행되어야 한다.
4. 서버 호스트는 TLS 핸드셰이크 동안 클라이언트 호스트에서 인증서를 요청한다. 여기서 클라이언트 호스트 기기 인증서를 가지고 있는 경우, 클라이언트 호스트의 인증은 [RFC 5246]에 설명된대로 클라이언트 호스트의 기기 인증서를 확인하여 TLS 핸드셰이크의 일부로 고유의 PKI를 사용하여 수행되어야 한다. 보안 정책이 지시하는 경우, 추가 인증서 유효성 검사가 필요할 수 있다. 리소스의 해당 인증 방식 속성과 비교 될 수있는 인증 수준은 0x8로 설정한다.

클라이언트 호스트 인증서가 되지 않으며 보안 정책은 허용하는 경우, 클라이언트 호스트 인증이 장소를 취할 필요하지 않을 수도 있거나, 보조 클라이언트 인증은 TLS 핸드쉐이크 후에는 장소를 걸릴 수 있다. 보조 클라이언트 인증의 적용 경우, 리소스의 해당 인증 방식 특성과 비교되는 인증 수준은 0x2(사용자 인증)으로 설정한다. 전혀 클라이언트 인증이 적용되지 않은 경우, 인증 수준은 리소스의 해당 인증 방식 속성과 비교 한 후 0x1을(NO 인증)으로 설정한다.

5.1.7.6 리소스 엑세스 권한 부여

클라이언트 호스트 서버 호스트와 등록 할 때 자원에 대한 사전 승인이 정상적으로 설정되어 있다. 보안 정책에서 허용하는 경우, 승인 요청을 완료할 수 있도록 암시적 규칙에 따라 인증 후 즉시 발생할 수 있다. 이 보안 정책에 따라 리소스에 등록되지 않을 수 있도록 하는 것이다. 클라이언트 호스트는 자체 서명된 인증서를 사용하는 경우, 자체 서명된 인증서의 SFDI를 사용하여 사전 승인이 자리를 차지해야 하고, 발표 자체 서명된 인증서의 SFDI 등록의 일환으로 제공 SFDI와 일치하는 경우, 승인이 부여된다.

5.1.7.7 기본 보안 정책

서비스 제공 업체는 규제 환경 및 위험 평가의 결과 요구 사항을 균형하여 보안 정책을 만든다. 다른 규제 환경은 정보 보증과 데이터 액세스의 편의성을 교환 요구 사항을 의무화 할 수 있다. TLS, ACL이 및 기타 보안 컨트롤의 사용은 서비스 제공자에게 이러한 요구를 충족할 수 있는 유연성을 제공한다. 보안 정책은 서비스 제공 업체에 의해 결정 ACL 속성 값과 추가 보안 컨트롤의 조합이다. 보안 정책의 구현은 이 규격의 범위를 벗어난다. 인증 시험의 목적은 다음 표는 각 기능 세트에 대한 기본 보안 정책을 나타낸다. 서버는 모든 구현 기능 세트에 대한 각각의 기본 정책의 책임을 지지 않는다.

[표 5.11] 기본 보안 정책에 대한 특성 값

Function set	aclDefaultAccess AuthType	Device Certificate needed	Registered Device
Demand Response / Load Control	0x8	Yes	Yes
Messaging	0xc	No	Yes
Response	0x8	Yes	Yes
Pricing	0xc	No	Yes
Pre-Payment	0x8	Yes	Yes
Metering	0x8	Yes	Yes
Plug-In Electric Vehicles	0x8	Yes	Yes
Distributed Energy Resource	0x8	Yes	Yes
Billing	0x8	Yes	Yes
EndDevice	0xc	No	Yes
Function Set Assignments	0x8	Yes	Yes
Device Management / Configuration	0x8	Yes	Yes
Firmware Download	0x8	Yes	Yes
Diagnostics & Monitoring	0x8	Yes	Yes

aclDefaultAccess 속성 방법 값은 SEP2의 WADL에 열거 각 리소스에 대해 허용된 방법과 일치해야 한다. Method value는 반드시(0x01) GET 포함되어야 한다. aclDefaultAccess 속성 DeviceType 값은 'unknown'(0)이어야 한다. 서버는 인증 테스트에 대한 기본 정책을 지원할 것이다. 서버는 추가로 다른 정책을 지원할 수 있습니다. 예를 들어, 규제 요구 사항을 충족하기 위해 유틸리티는 모든 SEP 2.0 장치에 HTTP(일반적으로 포트 80)에 연결된 포트를 통해 m에서 인증되지 않은 가격 정보를 제공하는 정책을 의무화 할 수 있다. 위험평가에 근거하여, 서비스 제공업체는 낮은 인센티브 프로그램에 가입 한 사람들보다 높은 인센티브 수요 반응 / 부하 제어 프로그램에 가입 한 기기에 대한 정책을 서로 다르게 하는 등 의 DeviceType 승인과 같은 추가 요구 사항을 포함 할 수 있다. 서버는 다른 서비스 제공 업체의 요구 사항을 충족하기 위해 여러 보안 정책을 지원하는 기능을 제공해야 한다.

5.1.7.8 등록

등록을 상기 대역절차로 설명하는 것은 클라이언트 호스트 등록 정보 선험적 이후 클라이언트 호스트에서 액세스 할 수 있는 자원을 보유하고 있는 서버 호스트를 전달하는 데 사용된다. 등록 정보가 고유 주어진 컨텍스트에서 클라이언트 호스트를 식별하는 클라이언트 호스트의 SFDI이다. 해당 LFDI은 등록 장치가 이러한 리소스에 액세스 할 수 있도록 장치 항목과 하나 이상의 리소스의 ACL(즉, 허용 된 사이트 목록)를 작성하는 인증 후 사용된다.

등록은 때때로 클라이언트 호스트가 리소스에 액세스하려고 시도하기 전에 발생할 수 있다. 예를 들어, 웹 사이트 또는 전화를 사용하면 서비스 제공자와 정보를 등록한다. 서비스 제공 업체는 일부 대역 메커니즘을(예 : AMI 네트워크와 서버가 그 결과에 따라 등록 목록을 프로그래밍함.) 사용하여 EndDevice 서버로 정보를 제공한다.

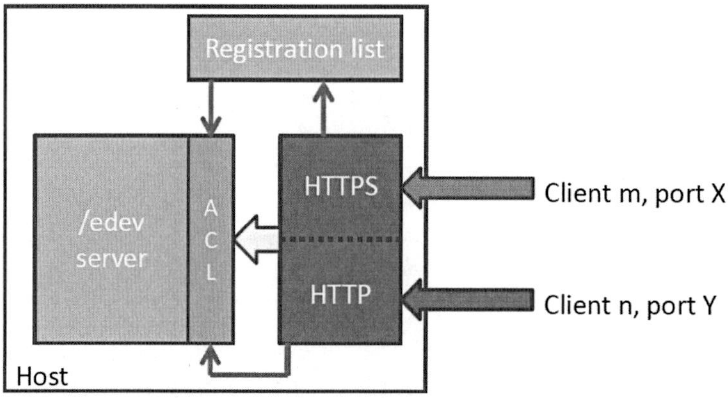

[그림 5.13] 등록에서 응용 프로그램 인증 및 권한 부여 컨텍스트

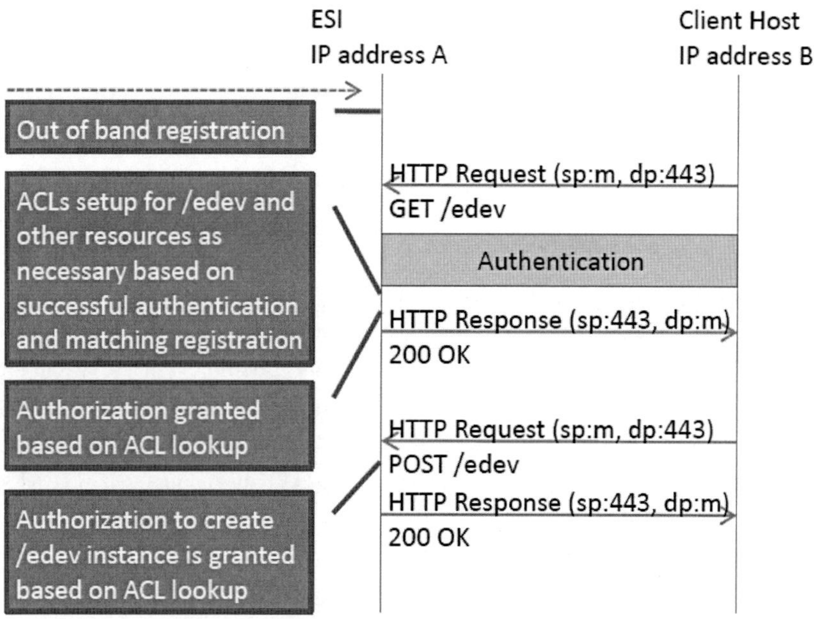

[그림 5.14] HTTPS를 이용한 등록 절차 예제와 장치 인증

이 부분에서는 EndDevice 서버 호스트와 기기 인증서를 사용하여 클라이언트 호스트에 대한 일반적인 등록 절차를 설명한다. 클라이언트 호스트 등록은 일반적으로 유틸리티, 건물 소유자 또는 등록을 수행하는 신뢰할 수 있는 제3자 서비스 제공업체와 관련된 ESI에 있는 클라이언트 호스트에 해당하는 EndDevice 자원을 통해 발생한다.

5.1.7.9 보안 로그 이벤트

보안에 기인하는 구체적인 LogEvents가 존재한다. 이러한 모델에 정의된 대로 보안의 기능 세트 열거를 사용하며, 다음은 그 예이다.

[표 5.12] 보안 기능 세트

LogEvent Name	LogEvent Code	LogEvent Description
SEC_TLS_ALERT_GEN_CLOSE_NOTIFY	0x00	SHALL be issued when a TLS Alert with code ‘close_notify’ is generated
SEC_TLS_ALERT_GEN_UNEXPECTED_MESSAGE	0x01	SHALL be issued when a TLS Alert with code ‘unexpected_message’ is generated
SEC_TLS_ALERT_GEN_BAD_RECORD_MAC	0x02	SHALL be issued when a TLS Alert with code ‘bad_record_mac’ is generated

SEC_TLS_ALERT_GEN_RECORD_OVERFLOW	0x03	SHALL be issued when a TLS Alert with code 'record_overflow' is generated
SEC_TLS_ALERT_GEN_DECOMPRESSION_FAILURE	0x04	SHALL be issued when a TLS Alert with code 'decompression_failure' is generated
SEC_TLS_ALERT_GEN_HANDSHAKE_FAILURE	0x05	SHALL be issued when a TLS Alert with code 'handshake_failure' is generated
SEC_TLS_ALERT_GEN_BAD_CERTIFICATE	0x06	SHALL be issued when a TLS Alert with code 'bad_certificate' is generated
SEC_TLS_ALERT_GEN_ UNSUPPORTED_CERTIFICATE	0x07	SHALL be issued when a TLS Alert with code 'unsupported_certificate' is generated
SEC_TLS_ALERT_GEN_CERTIFICATE_REVOKED	0x08	SHALL be issued when a TLS Alert with code 'certificate_revoked' is generated
SEC_TLS_ALERT_GEN_CERTIFICATE_EXPIRED	0x09	SHALL be issued when a TLS Alert with code 'certificate_expired' is generated
SEC_TLS_ALERT_GEN_CERTIFICATE_UNKNOWN	0x0A	SHALL be issued when a TLS Alert with code 'certificate_unknown' is generated
SEC_TLS_ALERT_GEN_ILLEGAL_PARAMETER	0x0B	SHALL be issued when a TLS Alert with code 'illegal_parameter' is generated
SEC_TLS_ALERT_GEN_UNKNOWN_CA	0x0C	SHALL be issued when a TLS Alert with code 'unknown_ca' is generated
SEC_TLS_ALERT_GEN_ACCESS_DENIED	0x0D	SHALL be issued when a TLS Alert with code 'access_denied' is generated
SEC_TLS_ALERT_GEN_DECODE_ERROR	0x0E	SHALL be issued when a TLS Alert with code 'decode_error' is generated
SEC_TLS_ALERT_GEN_DECRYPT_ERROR	0x0F	SHALL be issued when a TLS Alert with code 'decrypt_error' is generated
SEC_TLS_ALERT_GEN_PROTOCOL_VERSION	0x10	SHALL be issued when a TLS Alert with code 'protocol_version' is generated
SEC_TLS_ALERT_GEN_INSUFFICIENT_SECURITY	0x11	SHALL be issued when a TLS Alert with code 'insufficient_security' is generated
SEC_TLS_ALERT_GEN_INTERNAL_ERROR	0x12	SHALL be issued when a TLS Alert with code 'internal_error' is generated
SEC_TLS_ALERT_GEN_USER_CANCELED	0x13	SHALL be issued when a TLS Alert with code 'user_canceled' is generated
SEC_TLS_ALERT_GEN_NO_RENEGOTIATION	0x14	SHALL be issued when a TLS Alert with code 'no_renegotiation' is generated
SEC_TLS_ALERT_GEN_UNSUPPORTED_ EXTENSION	0x15	SHALL be issued when a TLS Alert with code 'unsupported_extension' is generated

SEC_TLS_ALERT_REC_CLOSE _NOTIFY	0x16	SHALL be issued when a TLS Alert with code 'close_notify' is received
SEC_TLS_ALERT_REC_UNEXP ECTED_MESSAGE	0x17	SHALL be issued when a TLS Alert with code 'unexpected_message' is received
SEC_TLS_ALERT_REC_BAD_R ECORD_MAC	0x18	SHALL be issued when a TLS Alert with code 'bad_record_mac' is received
SEC_TLS_ALERT_REC_RECOR D_OVERFLOW	0x19	SHALL be issued when a TLS Alert with code 'record_overflow' is received
SEC_TLS_ALERT_REC_DECOM PRESSION_ FAILURE	0x1A	SHALL be issued when a TLS Alert with code 'decompression_failure' is received
SEC_TLS_ALERT_REC_HANDS HAKE_FAILURE	0x1B	SHALL be issued when a TLS Alert with code 'handshake_failure' is received
SEC_TLS_ALERT_REC_BAD_C ERTIFICATE	0x1C	SHALL be issued when a TLS Alert with code 'bad_certificate' is received
SEC_TLS_ALERT_REC_ UNSUPPORTED_CERTIFICATE	0x1D	SHALL be issued when a TLS Alert with code 'unsupported_certificate'is received
SEC_TLS_ALERT_REC_CERTIF ICATE_REVOKED	0x1E	SHALL be issued when a TLS Alert with code 'certificate_revoked' is received
SEC_TLS_ALERT_REC_CERTIF ICATE_EXPIRED	0x1F	SHALL be issued when a TLS Alert with code 'certificate_expired' is received
SEC_TLS_ALERT_REC_CERTIF ICATE_UNKNOWN	0x20	SHALL be issued when a TLS Alert with code 'certificate_unknown' is received
SEC_TLS_ALERT_REC_ILLEGA L_PARAMETER	0x21	SHALL be issued when a TLS Alert with code 'illegal_parameter' is received
SEC_TLS_ALERT_REC_UNKNO WN_CA	0x22	SHALL be issued when a TLS Alert with code 'unknown_ca' is received
SEC_TLS_ALERT_REC_ACCES S_DENIED	0x23	SHALL be issued when a TLS Alert with code 'access_denied' is received
SEC_TLS_ALERT_REC_DECOD E_ERROR	0x24	SHALL be issued when a TLS Alert with code 'decode_error' is received
SEC_TLS_ALERT_REC_DECRY PT_ERROR	0x25	SHALL be issued when a TLS Alert with code 'decrypt_error' is received
SEC_TLS_ALERT_REC_PROTO COL_VERSION	0x26	SHALL be issued when a TLS Alert with code 'protocol_version' is received
SEC_TLS_ALERT_REC_INSUFF ICIENT_SECURITY	0x27	SHALL be issued when a TLS Alert with code 'insufficient_security' is received
SEC_TLS_ALERT_REC_INTER NAL_ERROR	0x28	SHALL be issued when a TLS Alert with code 'internal_error' is received

SEC_TLS_ALERT_REC_USER_CANCELED	0x29	SHALL be issued when a TLS Alert with code 'user_canceled' is received
SEC_TLS_ALERT_REC_NO_RENEGOTIATION	0x2A	SHALL be issued when a TLS Alert with code 'no_renegotiation' is received
SEC_TLS_ALERT_REC_UNSUPPORTED_EXTENSION	0x2B	SHALL be issued when a TLS Alert with code 'unsupported_extension' is received
SEC_REGISTRATION_LIST_MISS	02C	SHALL be issued when a received certificate does not have a corresponding SFDI entry in the registration list
SEC_ACL_ACCESS_FAILED	0x2D	SHALL be issued when access to a resource fails due to failing access control criteria described in Section 9.2.2

5.1.7.10 인증서 관리

(1) 인증서 관리 개요

SEP 2.0에서 쓰이는 인증서 관리 시스템에는 PKI(Public Key Infrastructure)라는 것이 있다. 이 인증서는 배포시 사용(또는 재배치)를 위한 것으로, 지속적으로 TLS를 통해 SEP 2.0 응용 프로그램을 실행하는 다른 SEP 2.0 장치에 장치를 인증하는 작업을 수행한다. 기본 SEP 2.0 장치의 추가 인증서의 지원은 선택 사항이며 일반적으로 장치의 특정 클래스(예를 들어, 에너지 서비스 인터페이스(ESI), 웹 포털)를 대상으로 이해를 해야 한다.

다음은 SEP 시스템의 구성과 활성화에 따른 인증서의 6가지 클래스이다.

- 장치 인증서 - 장치 운영을 목적으로 내장하는 인증서. 기본적인 SEP 인증 장치 제조시 제조 PKI에서 발급.
- 장치 테스트 인증서 - 테스트를 목적으로 내장하는 인증서. 발급방법은 위와 같음.
- SEP 장치를 위한 추가 인증서 – ESI의 기기 인증서같은 비 SEP 인증기관(CA)의 SEP 2.0 장치에 의해 하나 이상의 옵션의 TLS 서버 인증서 발급.
- 비 기본 항목에 대한 일반 클라이언트 인증서 – 비 기본 항목에 대한(비 SEP) 인증 기관에서 발행한 TLS 클라이언트 인증서.
- 비 기본 항목에 대한 일반 서버 인증서 – 비 기본 항목에 대한(비 SEP) 인증 기관에 서 발행한 TLS 서버 인증서.
- 비 기본항목에 대한 자체 서명된 클라이언트 인증서 – 고객 또는 소프트웨어에 의해 자체 생성하고 자체 서명된 TLS 클라이언트 인증서.

다음 그림은 SEP장치를 기반으로 한 운영 방법을 그림으로 나타낸 것이다.

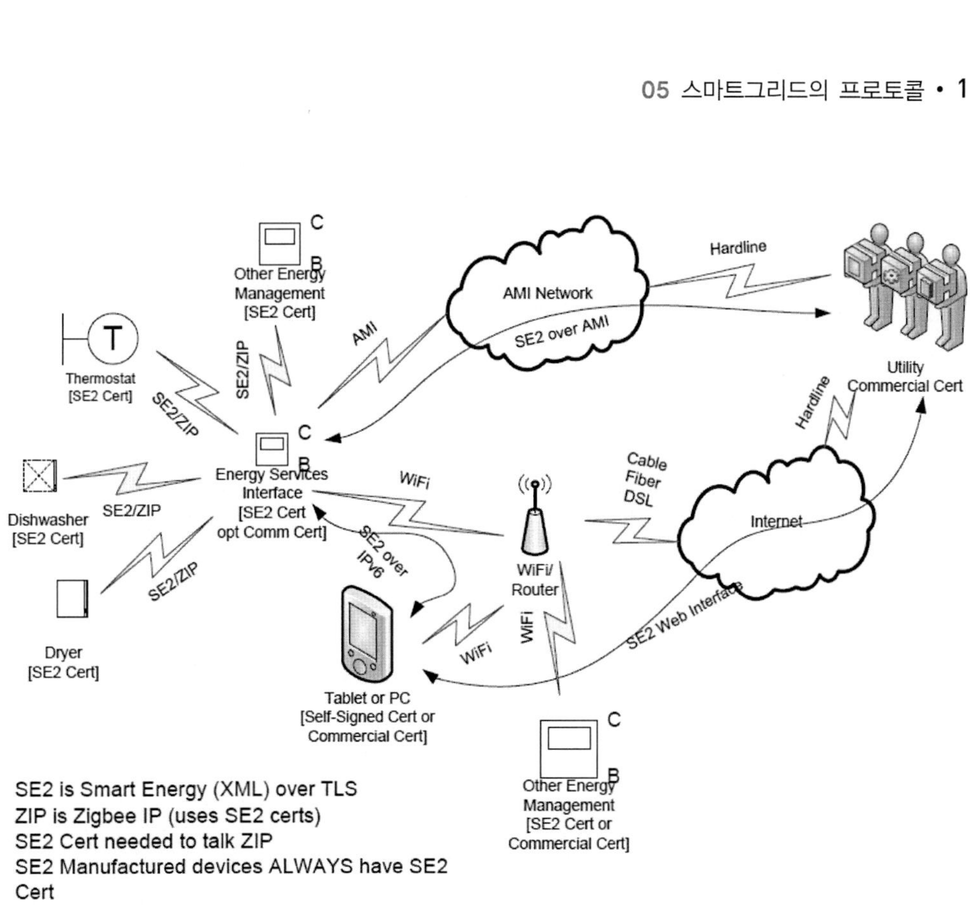

[그림 5.15] SEP 기반 운영 시스템

위의 그림에서는, AMI 네트워크, 인터넷, 유틸리티를 제외하고, 모든 디바이스들이 소비자 범위 안에 표시되어 있다. SEP 내장에 대한 기기의 목적은 제조된 기기 인증서에 있다. 유틸리티와 소비자 소유의 테블릿 컴퓨터 같은 기타장치와 항목은 자체 서명된 인증서를 사용하거나 상업적 인증기관에서 발급한 인증서를 허용할 수 있다. 해당 인증서에 대한 지원은 서버에 의해 구현 옵션에 주로 의존한다.

(2) 인증서 사용

인증서는 신원을 인증할 수 있는 메커니즘을 제공한다. 일단 인증을 받은 신원의 프로그램이나 서비스, 사용자는 리소스에 대한 다양한 기능을 수행할 수 있는 역할의 엑세스의 권한을 허가 받을 수 있다. 자체 인증 인증서는 일반적으로 권한을 부여하지 않는다. 승인한 인증서의 특정 응용 프로그램은 응용프로그램의 범위에 따라 모든 리소스에 접근할 수 있는 임시적 권한을 부여할 수 있지만, 일반적으로 접근 승인은 증명서에 의한 신원에 기반 해 승인한다. 다음 표들은 인증과 프로필에 의해 설명되는 인증서의 사용 인증을 설명한다.

[표 5.13] TLS 인증표

Authentication		Server		
		Native SEP 2.0 Application	Generic Server	Self-Signed
Client	Native SEP 2.0 Application	SEP 2.0 Cert - Indef	Optional OCSP	Not Allowed
	Generic Client	Optional OCSP	Not Specified Here	Not Specified Here
	Self-Signed	Signature Validation	Not Specified Here	Not Specified Here

첫 번째 표는 인증서 유효성 검사를 위한 메커니즘을 설명하며, 정체성의 인증은 인증서에 기반하였다. 자체 서명 된 인증서에서는 인증서를 통해 자기 서명을 검증에만 한정하고는 체크에서 무결성이 증명될 때만 권한이 제공된다. SEP 2.0 Cert - Indef 구문은 제조 PKI 인증서가 무기한 유효 전달하기 위한 것으로, 검사는 오직 인증서 체인에 있는 서명의 확인으로 제한된다. Optional OCSP(Online Certificate Status Protocol)의 의미는 서버 장치 및 클라이언트 장치가 온라인 증명서 상태 프로토콜(OCSP) [RFC 2560]을(를) 이용할 수 있다는 것으로, 이에 대한 추가메커니즘으로 OCSP는 비 SEP0 인증서를 확인하는 데 사용할 수 있다.

두 번째 표는 특정 증명서(및 개인 키)의 소유자가 데이터의 특정 유형에 액세스 될 수 있는가 여부를 결정하기 위한 메커니즘을 설명한다. 전체적으로 각 데이터 요소들은 그것들이 태그되어 있는 ACL을 가지고 있으며, 인증서 소유자의 신원을 특정 데이터 요소에 적절한 권한을 가지고 있다면, 데이터는 쿼리를 통해 반환된다. 또한 모든 인증된 클라이언트에 엑세스 할 수 있는 특정 유형의 데이터가 있다.

[표 5.14] SEP 2.0 인증 표

Authentication	Server		
	Native SEP 2.0 Application	Generic Server	Self-Signed
Native SEP 2.0 Application	ACL	ACL or Public Data (Server specific)	Not Allowed
Generic Client	ACL or Public Data (Server specific)	Not Specified Here	Not Specified Here
Self-Signed	ACL or Public Data (Server specific)	Not Specified Here	Not Specified Here

앞의 표의 내용은 서버에서 제공하는 클라이언트 인증서에 인증기술로 읽을 수 있어야 한다. 예를 들어 일반 클라이언트/ 기본 SEP 응용 프로그램이 가지고 있는 Optional OCSP는 선택적으로 정상적인 인증서 확인 절차를 추가하여 일반 클라이언트 인증서의 유효성을 확인하는 OCSP를 사용할 수 있다.

5.2 Open ADR(Open Automated Demand Response) 2.0

Open ADR은 두 개의 end point, 즉, 전기 서비스 제공자와 사용자간의 정보교환을 촉진하기 위해 책정된 통신 데이터 모델이다. Open ADR은 다른 통신 프로토콜처럼 "비트 구조"를 지정하는 프로토콜은 아니며, XML 및 인터넷 프로토콜(IP)같은 DR(Demand Response: 수요반응) 신호 교환을 위한 공통어 및 프레임 워크 같은 기존 개방형 표준이다.

Open ADR은 서비스 사용자가 전기 부하 차단 또는 부하 이동을 수행할지 여부 및 고객의 위치에서 수요 반응 작업 자동화를 용이하게 하는 목적으로 설계되었다. 통신 데이터 모델이 매일 연속 작업에 사용할 수 있는 경우, 종종 묻는 메시지가 표시되며, 이때의 대답은 'YES'이다. 그러나 대부분의 응급상황이나, 신뢰성 DR 이벤트 같은 경우는 특정한 시간에 발생한다. 따라서 이러한 Open ADR 통신은 산업용 제어시스템에 같은 신호를 조정하도록 설계되어 있다. 이러한 긴급한 상황뿐만 아니라, 실시간 가격정보 및 하루 전의 가격정보 등의 지속적인 동적 가격신호를 제공하도록 설계되었다. 가격정보 같은 자동화 클라이언트는 계속 이러한 가격들을 모니터링하고 시설 내에서 연속적인 자동 제어 및 대응 전략에 정보를 변환하도록 구성할 수 있다. 궁극적으로 이런 Open ADR 규격은 산업 시설에서 DR을 자동화하는 데 사용된다 할 수 있다. 다음 그림은 Open ADR 구조도이다.

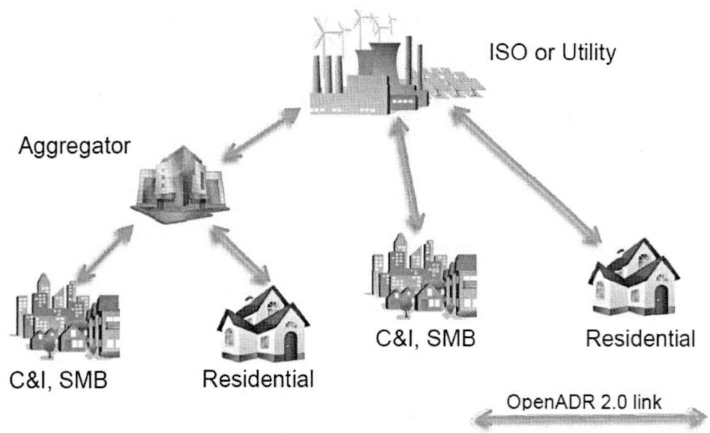

[그림 5.16] Open ADR 구조도

Oepn ADR은 다음과 같은 편의를 제공한다.

공개 사양 - 동적 가격과 DR 비상이나 신뢰성에 이벤트를 모두 구현할 수 있는 개방형 비독점, 업계 승인 데이터 모델을 사용하여 표준화 된 DR 통신 및 신호 인프라를 제공.

- 유연성 : 유연한 개방형 통신 인터페이스, 독립적 플랫폼, 상호운용성 및 end-to-end 기술, 투명한 소프트웨어 시스템 및 프로토콜 제공
- 혁신 및 상호작용성 : 혁신과 상호운용성을 장려하고, 시설이나 기업 내의 제어 및 통신과 기존의 쓸모없는 기술과 유지 보수비용 등을 감소시킬 수 있음.
- 통합의 용이성 : 일반적인 에너지 관리 및 제어 시스템(EMCS), 중앙 집중식 조명, 인터넷 신호(XML 등)를 수신 할 수 있는 다른 최종 사용기기의 통합에 용이함.
- 넓은 범위의 정보 표현 : End device에서 DR정보를 수신하고 관리하는 복잡한 과정을 거치는 중개자에 이르기까지의 시스템을 허용하는 다양한 방법으로 DR신호의 정보 표현 가능

5.2.1 범위

Open ADR 2.0 프로파일 규격은 전기 사업자, 수요관리사업자와 최종 사용자 간의 공통 정보 교환을 촉진하는 매우 유연한 데이터 모델이다. 이 사양의 기본개념은 사람이 정보를 가입자동화 서버와 클라이언트 간의 정보 게시 및 가입의 양방향 신호시스템을 구현할 수 있도록 하기 위한 것이다.

Open ADR 2.0은 다음과 같은 서비스를 지원한다.

- 가입(EiEnroll) : DR 프로그램에 참여하기 위해 자원을 등록.
- 등록(EiRegisterParty) : 파티나 VEN 같은 요소를 식별.
- 시장 컨텍스트(EiMarketContext) : 보고서 등의 프로그램 규칙, 기준 검색 시 사용.
- 이벤트(EiEvent) : 핵심 DR 이벤트 기능과 정보 모델.
- 견적 또는 동적 가격(EiQuote) : EiDistributeQuote 같은 블록 계층 관세 통신과 같은 동적 가격을 배포
- 보고, 피드백(EiReport) : 자원의 상태에 대한 정기 또는 일회성 정보(응답)을 설정
- 가용성(EiAvail) : 자원의 가용성에 대한 제약 조건

Open ADR 2.0 서비스는 DR, 가격, DER 통신 요구 사항에 관련되는 정보를 제공한다. 이러한 서비스는 자원 또는 전기 서비스 제공자와 고객 간의 특정 시장 계약 관계의 특정 DR 전기 부하 제어 전략에 아무런 가정을 하지 않는다.

Open ADR는 전송 메커니즘의 독립적인 application-level 데이터 모델을 사용하며, 상호 운용성의 목적을 위해 Open ADR 2.0은 서로 다른 이해 관계자의 요구를 해결하기 위해 기본 전송 메커니즘과 관련된 상호 작용 패턴(예 : PUSH 정보 대 PULL 정보)를 제공한다.

5.2.2 노드 및 장치 유형

OASIS Energy Interoperability 1.0 standard에 따르면, Open ADR 2.0은 Virtual Top Nodes(VTNs)과 Virtual End Nodes(VENs)의 정의를 사용한다. Open ADR 2.0을 사용한 상호작용에서, 각각의 수신자와 송신자는 VEN과 VTN으로 구분된다. 일반적으로 모든 통신은 하나의 VTN과 여러 개의 VEN 간의 통신으로 이루어지며, VTN 끼리는 직접 통신할 수 없다. 마찬가지로 VEN 역시 VEN 간의 직접통신은 불가능하다. 다음은 VTN과 VEN의 설명이다.

- VTN(Virtual Top Nodes) – 기타 기관의 제어 및 수요 측 리소스(예 : 가격, 신뢰성 이벤트 등) 그리드 상태의 의사 소통에 대한 책임을 맡고 있는 개체. 해당 도메인의 VEN 장치 또는 시스템 모두와 통신할 수 있다. VTN은 다른 VTN과 VEN의 상호 작용의 역할을 수행할 수 있다.
- VEN(Virtual End Nodes) – 리소스 세트 및 프로세스 운영관리 메시지, 스마트그리드 메시지를 수신하고, 이에 대한 응답을 하는 역할을 하는 개체

일반적인 통신에서 서버 역할에 해당하는 정보 제공 역할을 VTN이 담당하며, VEN은 정보를 수신 받는 클라이언트 역할을 담당한다. 이를 전기 거래에 적용시켜 보면, 수요반응 이벤트를 발생시키고 배포하는 기업이 VTN이 되고, 이러한 이벤트를 수신하여 반응하고, 이러한 이벤트에 따라 부하제어를 하는 가정이 VEN이 된다 할 수 있다. 그런데 이러한 VEN에서 수신하는 이벤트는 다시 다른 VEN으로 전송될 수 있으며, 이러한 경우, 그 전송하는 VEN은 다시 VTN의 역할을 수행하는 것이다. 다음 그림은 이러한 VEN과 VEN의 구조도이다.

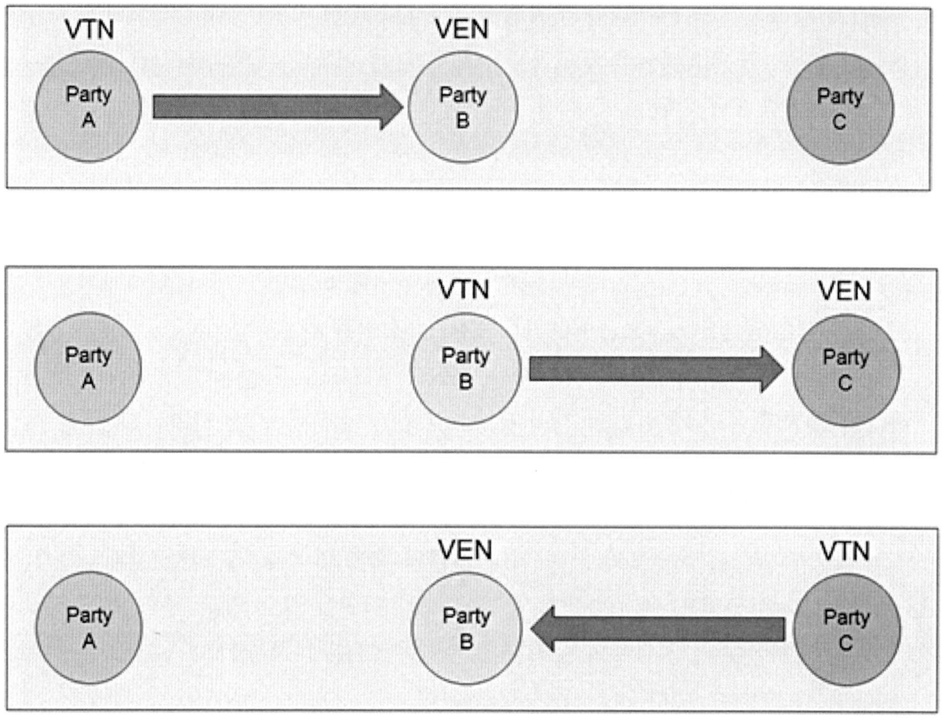

[그림 5.17] 수요반응에서의 EI 구조도

앞에서 설명한대로, A에서 B로 정보를 전송할 때는 B가 VEN이었지만, B에서 C로 정보를 전송할 때는 B가 VTN이 됨을 알 수 있다. 또한 B에서 C로 정보를 전송할 때는 C가 VEN이었지만, C에서 B로 정보를 전송할 때는 C가 VTN이 됨을 알 수 있다. 다음 그림은 어느 수요반응 거래에서 나타날 수 있는 각 구성원들의 구조도이다.

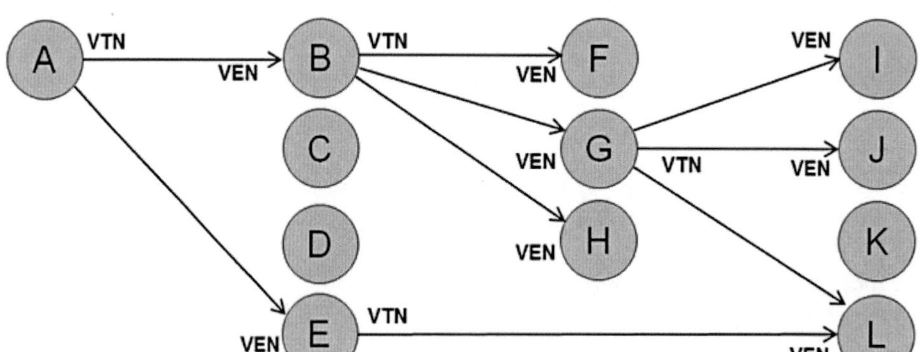

[그림 5.18] 수요반응 상호작용 구조도 예

그리고 이러한 구조도에서 발생할 수 있는 역할 분배는 다음과 같다.

[표 5.15] 각 Party별 역할분배

Label	Structure Role	Possible Actor Names
A	VTN	System Operator, DR Event Initiator, Microgrid controller, Landlord
B	VEN (wrt A) VTN (wrt F, G, H)	Aggregator, Microgrid element, Tenant, Floor, Building, Factory
G	VEN (wrt B) VTN (wrt I, J, L)	Microgrid controller, Building, Floor, Office, Suite, Process controller, Machine
L	VEN (wrt G and wrt E)	Microgrid element, Floor, HVAC, Unit, Machine

5.2.3 Open ADR 2.0 서비스 및 확장 데이터 모델

5.2.3.1 EIEvent 서비스

이벤트는 VTN에 의해 생성되고, oadrEvent 요소에 의해 설명되는 이벤트를 하나 이상 포함한 oadrDistributeEvent 페이로드를 사용하여 VEN로 전송된다. 일부 이벤트는 응답을 필요로 하고, 다른 이벤트는 이벤트 설명 oadrResponseRequired 요소가 표시되지 않는다. VEN은 각 oadrEvent와 일치하고 eventResponse 요소를 포함한 oadrCreatedEvent 페이로드로 처리한 응답에 의해 opt-in, out-out을 인정한다. 여기서는 Push 작용과 Pull 작용을 통해 oadrDistributeEvent 페이로드를 사용하여 VEN에 이벤트를 전달한다.

Push 작용은 VTN에서 oadrDistributeEvent 페이로드를 이용하여 이벤트를 VEN에게 전달하는 것으로, application level의 응답이 필요한 경우, VEN에서 oadrCreatedEvent를 VTN으로 보낸다. Push 방식은 VEN의 요청이 없어도 Event를 전달한다는 특성이 있다. 다음 그림은 Push를 그림으로 표현한 것이다.

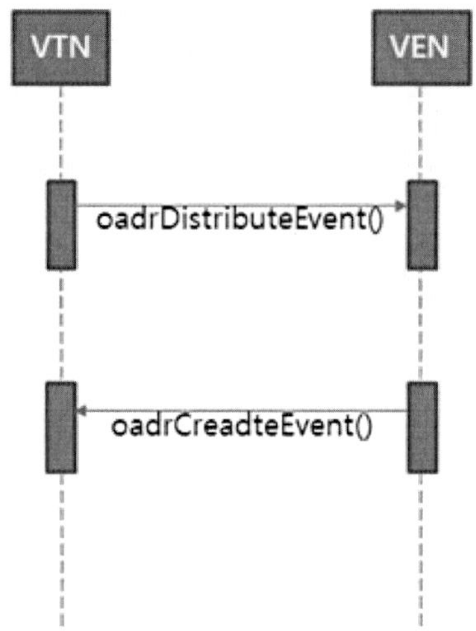

[그림 5.19] Push 패턴

Pull 방식은 VEN이 VTN으로 oadrRequestEvent를 보내 이벤트를 요청하는 방식이다. 요청을 받은 VTN은 VEN으로 oadrDistributeEvent를 보낸다. 이때의 작용 패턴은 Push 작용과 일치한다. 다음 그림은 Pull 패턴의 예이다.

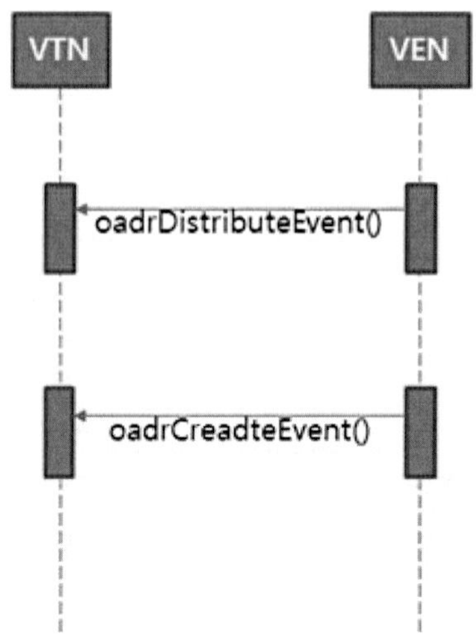

[그림 5.20] Pull 패턴

이벤트 응답을 필요로 하는 경우, 초기 oadrCreatedEvent는 항상 VEN에서 VTN로 전송된다. 주어진 프로그램이 VEN 나중에 이벤트 기간 동안의 수신 거부 상태를 변경할 수 있도록 허용하면 특정 이벤트에 대한 새로운 상태를 포함한 후속 oadrCreatedEvent 메시지를 발행하여 이 작업을 수행할 수 있다. Push, Pull 작업 모두에 대해, oadrDistributeEvent 페이로드는 항상 통신이 VEN에 적용되는 모든 이벤트가 포함된다. 여기서 이벤트는 하나 이상의 oadrEvent 요소를 사용하여 oadrDistributeEvent 페이로드에 전달된다.

oadrDistributeEvent 페이로드에는 다음과 같은 구성 요소가 있다.

- RequestID는 고유하게 요청하고 포함 된 이벤트를 식별
- vtnID는 요청을 보내는 VTN을 식별
- 그리고 0이나 그 이상의 oadrEvent 요소 포함

RequestID는 고유하게 다른 파티에 요청 및 포함 된 모든 이벤트를 식별한다. 그 값은 그 사용이 VTN이 필요하지 않는 경우 모든 요청에 동일한 값을 사용하여 포함하는 방식을 사용하여 VTN에 의해 설정된다. 수신받는 VEN은 oadrCreatedEvent 이벤트 응답에 RequestID를 사용하여야 한다.

다음 내용은 이러한 페이로드들인 oadrEvent, oadrCreatedEvent에 관한 설명이다.

(1) oadrEvent

oadrEvent 요소는 개별 이벤트, 신호 값 및 신호에 적용되는 기간을 설명한다. 각 oadrEvent는 자세한 이벤트 정보와 VEN이 oadrCreatedEvent에 응답해야하는지 여부를 제어하는 oadrResponseRequired 요소를 포함하는 eiEvent 요소가 있다.

ResponseRequired 필드는 VEN이 포함된 이벤트에 어떻게 응답하는지 나타낸다. “always”의 값은 VEN이 이벤트 상태(EVENTID, modificationNumber)가 변경되었는지 여부를 각 이벤트응답 해야 함을 나타낸다. “never”의 값은 “brodcast” 이벤트를 의미하고 VEN이 경우에 어떤 응답을 보낼 수 없다.

eiEvent의 EventDescriptor에는 다음과 같은 필드가 있다.

- EVENTID : 이 이벤트에 대한 고유 ID이다. ID는 VTN의 컨텍스트 내에서 고유하게 존재한다.
- ModificationNumber : 0에서 시작하고 VTN가 이벤트를 수정 때마다 1씩 증가되는 순서이다.
- Priority : 우선 순위의 표시가 0인 이벤트는 더 우선 순위가 존재하지 않는다.
- MarketContext는 : 그룹화 정의된 특정 프로그램 또는 응용 프로그램을 식별하는 이벤트에 적용된다.
- CreatedDateTime : 시간 이벤트를 포함하는 페이로드가 생성되는 것이다.
- EventStatus : 이벤트의 상태로써, “near”, “far”, “active”, “cancel”.

- TestEvent : false가 아닌 경우, 테스트 이벤트임을 나타낸다.
- VtnComment : VTN에서 제공하는 임의의 설명이다.

하나의 eiActivePeriod은 시작 시간과 이벤트의 기간을 정의한다. 시작 시간은 ISO 8601 시간의 설명에 의해 정의되고 기간은 iCalender 기간 문자열로 지정된다. 전체 활동 기간 동안 적용받을 이벤트 신호는 eiEventSignals 요소에 정의되어 있다. 이 요소는 하나 또는 더 많은 eiEventSignal 요소, 각각 시퀀스의 기간, 활성기간의 전체기간과 동일한 합 등이 있다. 각 신호요소는 같은 수준이나 가격과 신호 타입이 포함되어 있다. 신호 페이로드는 "normal", "low", "moderate", "special" 등의 상대 값이 포함되어 있다.

EiTarget 요소는 필수적이며, 그것은 VENID를 포함해야 한다. 그것은 명시적으로 이벤트에 적용되는 요소를 지정하는 정보를 제공하는 데 사용할 수 있으며, 하나 또는 그 이상의 venID, groupID, resourceID, partyID를 포함할 수 있다. 그것들은 VEN이 수집기의 역할과 그 뒤의 여러 리소스를 가지고 있을 때 사용하며, 이러한 ID 처리는 VEN과 VTN에서 권한이 설정한대로 처리해야 한다. 단 이러한 EiTarget 요소가 없는 경우 VEN은 이벤트 대상이 기본이며 유일한 리소스라고 가정한다.

(2) oadrCreatedEvent

하나 이상의 수신 된 이벤트가 응답을 요구하는 경우, VEN은 oadrCreatedEvent 요소를 만들고 VTN에 게시한다. oadrResponse 요소는 application level 수준의 응답 코드 및 응답 설명, 그리고 요청 ID가 포함되어 있으며, EiResponses 요소는 각 이벤트에 해당 하나 이상하고 eventResponse 요소가 포함되어 있다. 이들은 EVENTID 및 modificationNumber가 포함된 요청 ID와 qualifiedEventID를 사용하는 특정 이벤트와 일치된다. optType은 특정 이벤트에 대한 VEN들의 처분을 나타내기 위해 "OPT IN" 또는 "OPT OUT"값을 가질 수 있다.

초기의 oadrCreatedEvent 응답은 응답을 필요로 하는 각 이벤트에 대해 전송해야 하며, 다음 EiCreatedEvents 또한 주어진 marketContext가 허용되는 경우 VEN의 수신거부 상태를 변경하여 전송할 수 있다. oadrCreatedEvent의 이벤트 그룹화는 완전히 VEN까지이며, 반드시 oadrDistributeEvent의 이벤트 그룹과 일치하지는 않는다. VEN은 이벤트 페이로드를 보내거나 그룹에 여러 개의 보류중인 이벤트 당 하나의 이벤트를 보내는 것이 자유롭다.

5.2.3.2 데이터 모델

Open ADR 얼라이언스는 특정 제휴하는 EI 및 관련 하위 스키마의 확장 및 참조를 정의하는 자체적인 스키마가 존재한다. 에너지 상호 운용성에 의해 참조 및 Open ADR 프로필에서 사용하는 각 스키마를 위해, 얼라이언스는 별도의 하위 집합 스키마를 XSD 파일을 만들었으며, 이 스키마 집합은 동일한 스키마 계층 요소 관계 요소의 순서, 필수 카디널리티 유형 정의 및 제한 등을 유지한다. 그러나 하위 스키마는 에너지 상호 운용성 및 관련 스키마과 같은 추상 형식 및 대체 그룹과 같은 구조적 요소를 사용할 수 없다. 이러한 데이터 모델 사용시 에너지의 상호 운용성 및 관련 스키마에서 사용하는 것과 같은 URI를 가진 네임 스페이스 접두사를 연결한다. [그림 5.21]은 이러한 Open ADR 2.0의 EiEvent 서비스 UML 모델이다.

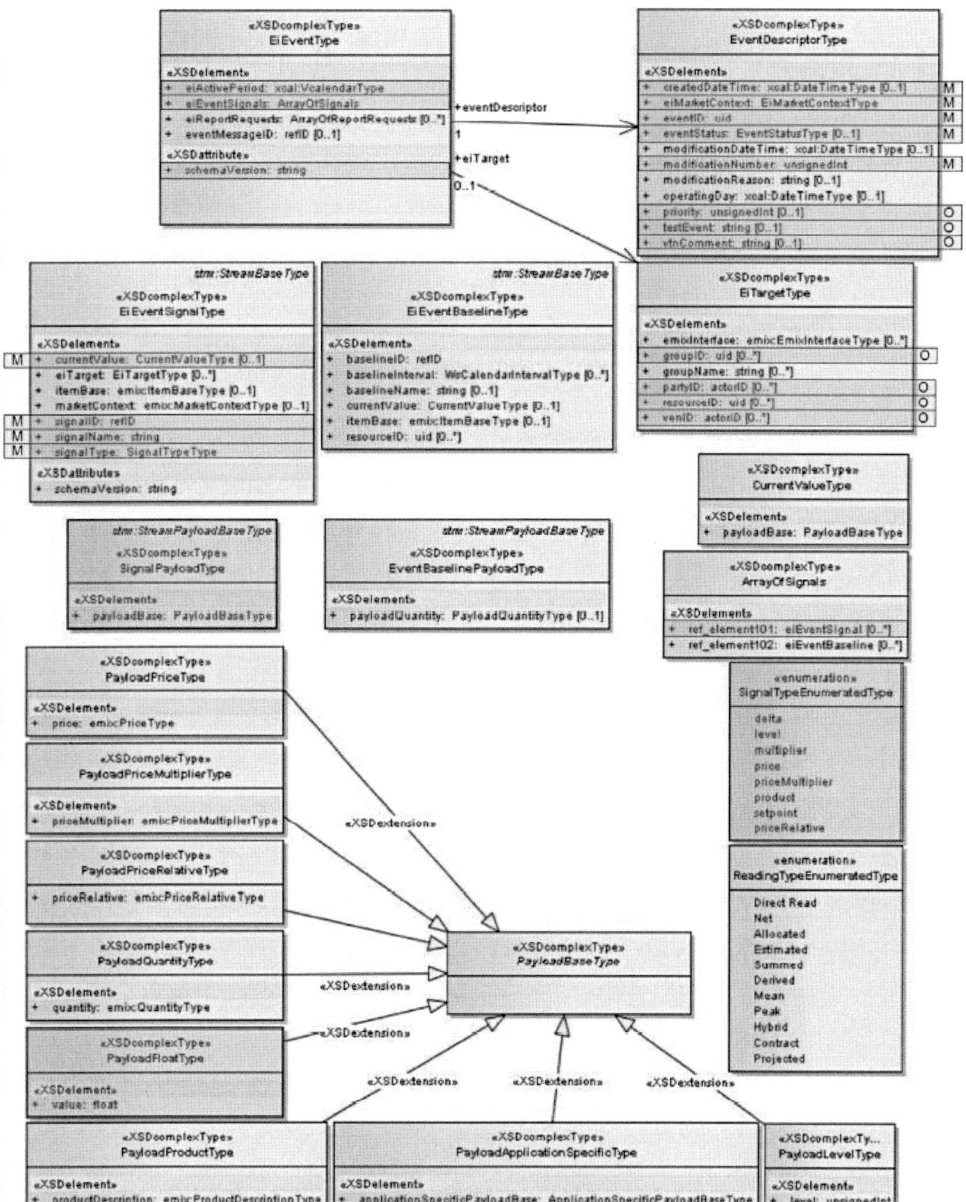

[그림 5.21] EiEvent UML 모델

5.2.4 전송 프로토콜

Open ADR 2.0은 배포시나리오를 수용하는 적은 수의 전송프로토콜을 지원한다. 자원 제한 엔드 디바이스의 경우, 간단한 HTTP 전송을 사용한다. 또한 전송은 XMPP 및 잠재적으로 다른 메커니즘이 사용 된다. 최상위 VTN들은 VEN들이 가장 적합한 메커니즘을 선택하는 동안 모든 전송 프로토콜을 지원해야 한다.

5.2.4.1 PUSH and PULL implementation

■ Push

push 메커니즘에서 이 메커니즘을 사용하려면, VTN으로 oadrDistributeEvent로 요청을 보낼때 HTTP URI를 HTTP 서버에 노출해야 한다. 이 HTTP를 통해 Open ADR 2를 실행하는 가장 효율적인 방법이지만, 그것은 VEN은 네트워크 방화벽 뒤에 있을 수 있으므로 기술적인 문제를 제공한다.

■ Pull

Pull 사용시, 모든 작동은 VEN에서 VTN으로 이루어진다. 이것은 VEN이 정기적으로 VTN에서 업데이트를 요구하는 'polling' 모드로 생각할 수 있다. pull 메커니즘은 VEN에서 HTTP 서버에 대한 요구 사항을 제거하고, VEN 앞에 있는 네트워크 방화벽의 기술적 제한 가능성을 회피한다. 그러나, pull 메커니즘은 제한 polling 빈도에 따른 대기증가 대역폭 요구사항의 한계를 가지고 있다.

pull 메커니즘은 HTTP에 요청을 시작하는 VEN의 특성으로 인해, 2단계의 실행을 포함한다. push 메커니즘에서 oadrDistributeEvent 작업을 통해 VEN에 새 이벤트를 통지할 수 있다. 또한 이때 VTN은 VEN이 oadrCreatedEvent 페이로드로 응답하는 oadrCreatedEvent 페이로드를 보낼 것이다. 그러나 풀 모델에서, oadrRequestEvent를 사용하여 VTN에서 VEN 요청하는 이벤트는 어떤 oadrDistributeEvent 페이로드던지 응답으로 전송한다. 응답을 구문 분석한 후, VEN은 여전히 VEN에 oadrCreatedEvent 작업을 사용하여 두 번째 요청을 하여 모든 새로운 이벤트의 생성을 인정해야 한다. 즉, 요청이 들어와야만 전송을 한다는 것이다.

5.2.4.2 Service Endpoint URIs

엔드포인트의 명칭은 다음과 같은 형태로 이루어진다.

https://〈hostname〉(:port)/(prefix/)OpenADR2/Simple/〈service〉

그리고 여기서의 각각의 구성요소는 다음과 같다.

- "prefix"는 같은 HTTP 서버에 상주 할 수있는 다른 서비스에서 Open ADR 서비스를 구분하는 데 사용될 수 있는 선택적 URI 경로 접두어를 나타냄.
- "simple"은 HTTP(또는 "BACnet", "SOAP") 프로토콜을 통한 간단한 XML 구문을 나타낸다.
- 〈service〉sms EI 서비스의 이름을 나타낸다.

이러한 서비스의 "operation" 부분은 요청에서 전송된 XML 페이로드에 의해 정의된다. 예를 들면 oadrRequestEvent 페이로드 루트 요소는 oadrRequestEvent 작업을 지정한다. VEN과 VTN(예 : 수집기 등)을 모두 노출 구현을 위해 이러한 구현들은 VTN과 VEN 인터페이스에 대해 서로 다른 URI 끝점을 사용해야 한다. 그 예는 다음과 같다.

https://mycompany.com/myVTN/OpenADR2/Simple/EiEvent
https://mycompany.com/myVEN/OpenADR2/Simple/EiEvent.

Open ADR에서 모든 메시지는 HTTP 기반 전송 method에서 POST 방법을 사용한다. 이 방법은 메시지 도청과 HTTP 요청 본문의 페이로드를 포함하는데 도움이 된다.

5.2.4.3 실패 요건

Open ADR에서 전송 실패 요건은 크게 4가지로 구분된다.

- TCP 단계에서의 전송실패
- HTTP 전송 실패(http 에러코드)
- 응용프로그램 승인 실패
- 시간 초과 등의 응답 실패

TCP 전송 실패의 경우 다시 응답하는 것이 원칙이며, HTTP 전송 실패의 경우는 그 상태에 맞는 상태 코드를 응답한다.

5.2.4.4 HTTP 응답 코드.

- 200 OK : 엔드 포인트가 요청을 완벽히 처리하고 유효한 Open ADR 응답 페이로드를 보낼 수 있었다는 반응을 나타내는 응답 코드. 이 외의 응답 코드는 전부 잘못된 오류를 표시하는 응답 코드임.

- 401 Unauthorized : 가능성이 없거나 인증 자격 증명으로 구성된 경영 정보로 인해 요청자가 주어진 작업에 대한 권한이 없는 경우 나타내는 응답 코드. 자격증명이 수정될 때까지 요청자는 요청을 다시 하지 못함.
- 404 Not Found : VEN이나 VTN이 요청한 작업을 지원하지 않는 경우 나타나는 응답 코드. 이 코드 역시 요청자가 응답을 다시 하지 못함.
- 406 Not Acceptable : 페이로드 EI 스키마에 대해 유효성을 검사하거나, 요청 내용 유형이 지원되지 않는 경우에 나타나는 응답 코드. 요청자는 먼저 오류를 수정하지 않고 요청을 다시 보낼 수 없음.
- 501 Not Implemented : 요청자가 지원되지 않는 HTTP method를 만들어 보낸 경우 발생하는 응답 코드. HTTP method를 수정하고 요청을 보내야 함.
- 503 Service Unavailable : 서버가 일시적으로 요청된 페이로드를 처리하는 기능이 상실되었을 때 나타나는 응답 코드. 이 요류 응답 발생시에는 서버에 추가부담을 주지 않기 위해 작업 중지 논리를 실행해야하는 요청을 표시해야 함.
- 500 Internal Server Error : 정의되지 않았거나, 예기치 않은 서버오류가 발생할 경우 나타나는 응답 코드. 작업 중지 기간 이후 요청을 다시 시도할 수 있음.

모든 오류코드의 경우(200을 제외한 모두) 응답의 컨텐츠 바디는 정의되지 않음. 서버는 응답에 몇 가지 정보메세지를 보내도록 선택할 수 있지만 요청자는 그것의 구문을 분석하거나 이해할 의무가 없다.

5.2.4.5 HTTP Headers

다음의 HTTP 헤더는 반드시 응답이나 요청에 나타나야 한다.

- Accept : 수락 요청 헤더는 응답의 예상 내용 유형을 지정한다. 응답은 항상 “application / XML”이기 때문에, 수락 헤더는 생략될 수 있다. 그러나 그것이 포함되는 경우, 승인 요청 헤더의 값은 항상 “application / XML”로 설정해야 한다.
- Accept-Encoding : 클라이언트가 응답페이로드의 내용 압축을 지원하는 경우 이 요청 헤더를 나타낸다. VEN은 요청 내에서 이 같은 GZIP 또는 DEFLATE 같은 콘텐츠 압축을 지원하는 경우 이 헤더를 포함할 수 있다. VEN이 이 헤더를 포함하는 경우, VTN은 그것을 존중하고 요청 헤더에 지정된 방법 중 하나를 사용하여 응답 내용을 압축해야 한다.
- Authorization : 요청자를 식별하는 데 필요한 자격 증명을 전송하는 것이 요구되는 경우 인증 헤더가 사용되어야 한다.

5.2.4.6 Other Informations

(1) Content-Encoding

VTN이 페이로드 압축했다는 요청에 응답하는 경우에는 gzip을하거나 DEFLATE 같은 올바른 인코딩 방법을 나타내는 콘텐츠 인코딩 응답 헤더를 포함해야 한다. VTN에서의 Push 작업은 각각의 VEN에 의해 지원되는 컨텐츠 인코딩의 선결 지식을 가지는 것이 요구되기 때문에, 요청에서의 콘텐츠 인코딩 헤더를 사용해서는 안된다.

(2) Content-Type

MIME 형식을 나타내는 페이로드는 요청 및 응답메세지에 모두 사용되어야 하며, 적절한 값은 “application/XML” 이다. 콘텐츠 형식은 문자 인코딩을 지정할 수 있으며, Open ADR 2에 대해 지원되는 유일한 문자 인코딩은 UTF-8 이다. 캐릭터 세트가 포함 된 경우 전체 헤더 값은 “application/xml; charset=utf-8”로 표시해야 한다.

(3) User-Agent

User-Agent 헤더는 요청자에 의해 포함되는 것을 추천하나, 그것에 의존해서는 안되며, 그것은 실질적으로 요청을 처리하는 서버의 동작에 영향을 주어야 한다.

(4) WWW-Authenticate

서버가 401 상태로 응답할 때 적절한 인증 메커니즘을 나타내기 위해 이 헤더를 포함해야 한다. 요청 후 적절한 인증 헤더의 포함으로, 수정 요청을 다시 보낼 수 있다.

(5) Transport Specific Security

TLS 1.0은 사용되는 인증방법에 관계없이 모든 트래픽을 암호화하여 사용해야 한다. 클라이언트는 항상 사용 중에 지정된 서버의 SSL 인증서의 유효성을 검사해야 한다. 일반적으로 HTTP에서 지원하는 몇 가지 일반적인 인증 메커니즘이 존재하며, 이들은 HTTP를 통해 Open ADR 2.0 인증을 위한 옵션으로 설명되어 있다.

(6) SSL Client Certificate

이 체계에서 요청을 시작 개체는 SSL / TLS 협상 중에 서버에 의해 검증되는 클라이언트 X.509 인증서가 있어야 한다. 서버는 Common Name(CN) 인증서 필드를 사용하여 클라이언트의 신원을 확인하고, 서버의 신뢰할 수있는 인증서 저장소에 체인의 인증서 또는 루트 인증서의 유효성을 검사한다. HTTP 요청의 일부가 협상이 실패하면 HTTP 응답(또는 응답 코드) 전송되지 않으며, 이는 전송되기 전에 항상 협상 및 검증이 발생한다는 것을 의미한다.

5.2.4.7 XMPP

XMPP는 XML 형식으로 상태 및 메시지를 전송하는 양방향 프로토콜을 의미한다.

기본적으로 XMPP는 양방향 상태기반 프로토콜이므로, 같은 XMPP를 활용하는 클라이언트는 모두 원활하게 Push 및 Pull 작업을 구현할 수 있다. 앞에서 설명했듯, 요청에 의해 시작되는 Pull 작업은 VEN으로부터 시작되고, Push 작업은 VTN로부터 시작된다. 또한 VEN과 VTN의 서비스 끝단에는 이메일 주소와 같은 형식의 JID(Jabber Identifier)로 정의되어 있으며, 정규화 된 JID는 HTTP 구현에서 엔드 포인트 URI와 동일한 기능을 수행한다.

XMPP는 메시지 기반의 프로토콜이기 때문에, Open ADR 서비스의 실행은 OpenADR XML 페이로드를 포함하는 XMPP 메시지를 전달함으로써 발생한다.

(1) JID

JID에 여러 리소스를 사용한다는 전망은 이러한 수요반응 프로토콜에 있어서몇 가지 흥미로운 가능성(예를 들어, 다른 자원과 시설에서 각 건물에 노출)을 열었으나, 이러한 전략은 이와 동일한 메커니즘이 HTTP와 같은 다른 Open ADR 전송이 지원되지 않기 때문에 몇 가지 주의를 요한다.

VEN 클라이언트는 서버가 임의의 리소스 ID를 할당하는 것 보다는 항상 정규화 된 JID를 인증해야 한다. 또한 VTN 클라이언트가 XMPP 서비스 혹은 클라이언트 JID로도 Open ADR 작업을 공개하도록 선택할 수 있다. 대부분의 Open ADR 서비스 작업은 VTN에서 VEN에 Push의 형태로 이뤄지지만, VEN은 여전히 VTN에 몇 가지 요청을 보낼 필요가 있다. VTN 서비스에 대한 JID를 정의하는 몇 가지 구성을 사용하기 보다는 Open ADR 서비스는 서비스 검색을 통해 런타임을 발견해야 한다.

(2) IQ Packets

모든 Open ADR 서비스 작업은 'set'IQ 유형 속성을 사용해야 하며, 이는 응용 프로그램 수준의 응답(예 : Open ADR 2 응답 페이로드) 또는 전송 수준 응답 코드를 필요로하는 모든 Open ADR 2 서비스 작업은 IQ 패킷을 사용해야 한다는 것을 의미한다.

XMPP 프로토콜은 수령인으로부터 반응 IQ를 위임 받으며, 이러한 브로드 캐스트 작업(또는 피드백) 등의 응답을 필요로 하지 않는 Open ADR 2 서비스 작업은 Open ADR 2 페이로드를 전송하는 메시지 패킷을 사용할 수 있다.

패킷의 처리 경우, 응답이 수신자에게 전송되지 않는 경우를 제외하고는 IQ의 경우에는 동일하게 처리해야 한다. 그 이유는 이 응답이 예상되지 않는 사용 사례에 대한 대역폭을 최적화하기 위함으로, 따라서 전송되지 않은 패킷에 대한 응답 IQ는 불필요할 것이다.

(3) Error Handling

■ Transport-Level Status Codes

정상적인 조건에서의 IQ 응답은 type='result'의 특성을 갖게 되며, 이는 HTTP 200응답과 유사하다. 빈 HTTP 200 응답을 정의하는 Open ADR 2 서비스 작업은 단순히 하위 페이로드 요소와 IQ 요소가 동시에 표시된다. 다음은 그 예이다.

```
<iq type='result'
to='ven1234@xmpp.myvo.net/client'
from='vtn.xmpp.somevtn.net'
id='1' />
```

■ Transport-Level Errors

전송 수준 에러의 결과 작용은 type='error'의 특성을 가지게 되며, 하위요소로 <error>의 요소를 포함한다. 다음은 그 예이다.

```
<iq type='error'
to='ven1234@xmpp.myco.net/client'
from='vtn.xmpp.somevtn.net'
id='2'>
<error type='modify'>
<bad-request xmlns='urn:ietf:params:xml:ns:xmpp-stanzas'/>
</error>
</iq>
```

XMPP는 숫자 상태 코드를 사용하지 않기 때문에, HTTP 상태 코드의 직접 매핑할 수 없으며, 전송 수준 오류를 처리하기 위한 논리는 이 문서의 범위를 벗어난다. 다른 XMPP 에러의 타입을 다루는 가이드라인은 RFC-6120 문서에 따로 정리되어 있다.

클라이언트가 Open ADR 스키마를 준수하지 않는 Open ADR 페이로드를 수신하면 클라이언트는 위의 문서에 정의된 대로 나쁜 요청 오류로 응답해야 한다. 응용 프로그램 수준 오류는 HTTP에서와 동일하게 처리되어야 하며, 정상적인 '결과' XMPP 응답 Open ADR 페이로드 응용 프로그램 수준 오류 정보와 함께 반환해야 한다.

(4) Presence

VEN 클라이언트는 RFC-6121에 설명된 대로 온라인 및 오프라인 상태 등록 기관에 통지하기 위해서 Presence 패킷을 사용해야 하며, 클라이언트에서 다른 모든 상태 브로드 캐스트 정보를 고려하여야 한다. VEN 세션 협상을 완료 한 후 'available'한 존재 스탠자를 전송해야 한다. 다음은 그 예이다.

〈presence /〉

만약 VEN은 비의도적으로 그 XMPP 연결이 종료되는 경우(Ex : 정상 종료가 아닌 예상치 못한 갑작스런 연결 손실로 인한 종료) 먼저 'unavailable' 존재 스탠자를 보내야 하며 그 예는 다음과 같다.

〈presence type='unavailable'/〉

(5) Rosters

Roster는 XMPP의 핵심 기능이며, 일반적으로 XMPP 세션 초기화 중에 발생하는 반면, Open ADR 내에서 역할을 정의하지 않았다. 따라서 그들의 사용은 Open ADR의 범위 내에서 정의되지 않는다. 그러나 대부분의 경우, Roster 요청은 클라이언트에 의해 수행될 수 있으며, 서버는 단순히 빈 명단에 응답할 수 있다. 클라이언트(특히 VEN 클라이언트는) Open ADR의 목적을 위해 서버에서 명단을 요청하지 않아야 한다.

(6) Service Discovery

XMPP 서비스 검색(XEP-0030) II는 VTN에서 Open ADR 서비스에 대한 주소를 정의하는데 사용되어야 한다. Open ADR의 범위를 벗어난 것 VEN에 추가 구성에 대한 필요성을 제거하는 동안 이것은 IT 서비스를 구현하는 방법에 VTN 유연성을 제공한다.

■ Discovery of the OpenADR Feature

VEN 세션 초기화를 완료한 후, VEN가 인증 한 베어 도메인에 XEP-0030 '정보' queryiii을 수행 할 수 있습니다.VEN은 'ven1@xmpp.myco.net / client'로 연결되어있는 경우 다음 초기 서비스 검색 쿼리는 다음과 같다.

〈iq type='get'
from='ven1@xmpp.myco.net/client'
to='xmpp.somevtn.net'
id='info1'〉
〈query xmlns='http://jabber.org/protocol/disco#info'/〉
〈/iq〉

여기에 대한 서버의 응답은 다음과 같다.

〈iq type='result'
from='xmpp.somevtn.net'

```
to='ven1@xmpp.myco.net/client'
id='info1'>
<query xmlns='http://jabber.org/protocol/disco#info'>
<feature var='http://openadr.org/openadr2'/>
<feature var='http://jabber.org/protocol/disco'/>
</query>
</iq>
```

■ Discovery of Open ADR Service Endpoints

위의 서비스 발견이 끝나면, VEN은 다음과 같은 Open ADR 네임 스페이스 'http://openadr.org/openadr2 # service'에 'node' 세트, 'item' 쿼리를 수행할 수 있다. 다음은 그 예시이다.

```
<iq type='get'
from='ven1@xmpp.myco.net/client'
to='xmpp.somevtn.net'
    id='items1'>
<query xmlns='http://jabber.org/protocol/disco#items'
    node='http://openadr.org/openadr2#services'/> [TODO proper OADR2
    XMLNS]
</iq>
```

이 이후 VTN는 각 Open ADR 2 서비스에 사용되는 JID를 가진 응답을 해야 한다. 다음은 그 예시이다.

```
<iq type='result'
    from='xmpp.somevtn.net'
    to='ven1@xmpp.myco.net/client'
    id='items1'>
<query xmlns='http://jabber.org/protocol/disco#items'
        node='http://openadr.org/OpenADR2#services'>
<item jid='event.openadr2.xmpp.somevtn.net'
        node='http://openadr.org/OpenADR2/EiEvent' />
```

```
<item jid='feedback.openadr2.xmpp.somevtn.net'
        node='http://openadr.org/OpenADR2/EiFeedback' />
</query>
</iq>
```

■ Service Discovery on VEN Clients

VEN 클라이언트는 클라이언트에 대한 보충 정보(예 : 클라이언트 IP 주소, 사용 가능한 디스크 공간 등)을 제공하는 서비스 검색을 구현하도록 선택할 수 있다. 그러나 이러한 보충 정보는 Open ADR의 범위를 벗어난다. VEN은 XEP-0030 쿼리를 지원하는 경우 최소한으로, 그것은 앞의 절 "Open ADR 기능의 발견"에 설명된 'http://openadr.org/openadr2' 기능에 대한 지원을 표시해야 한다.

5.2.4.8 Security Considerations

앞에서 정의된 인증 이외의 추가 단계는 XMPP 네트워크를 보호해야 한다. 특히, 적어도 Open ADR의 범위 내에서는 VEN 클라이언트는 서로 통신하도록 허용하지 않아야 한다. 클라이언트는 HTTP Push 시나리오에서 방화벽을 구현하는데 있어 유사한 다른 JID를 액세스에서 제어하기 위해 화이트리스트의 일종을 구현하도록 선택할 수 있다.

하지만 XMPP 클라이언트 간의 액세스를 제어하기위한 궁극적인 책임은 XMPP 서버 수준에서 유지되어야 하며, 대부분의 경우, XMPP 서버를 논리적으로 VTN의 통합 된 부분과 함께 배포 된다. XMPP 서버는 그들이 단지 VTN와 통신 할 수 있도록 VENS 논리적으로 격리 유지하는 액세스 제어를 구현할 수 있다.

5.2.3 Open ADR 2.0 Security Profile

앞에서 설명했듯, Open ADR 2.0에서 이루어지는 상호 작용은 VEN과 VTN 2가지 역할을 바탕으로 이루어진다. 여기서의 두 가지 수준의 보안은 '표준'과 '높음'이라고 정의되어 있다. '표준' 보안 통신을 위해서는 VTN 및 VEN들 사이의 보안 채널을 설정하기 위한 TLS를 사용하며, '높음' 수준의 보안 채널을 설정하기 위해 VTN 및 VEN 사이에서는 TLS를 사용하고 또한 부인 방지(non-repudiation)를 제공하기 위해 XML 서명을 사용한다. 또한 Open ADR 2.0에서는 보안을 위한 개방형 아키텍처를 채택하고, 이는 특정 기술에 자신을 제한하지 않는다는 것을 의미한다. PKI 인증서를 이용하기 위해 주로 2가지의 옵션이 존재하는데, 이 2가지 옵션은 RSA와 ECC이다. 보안 범위는 RSA가 더 광범위하게 허용하지만, ECC 암호화 및 디지털 서명과 같은 보다 효율적인 암호화 작업의 이점을 제공한다. 또한 ECC는 RSA 키에 비해 동일한 암호화 강도, ECC 키 크기는 훨씬 짧다. 이는 효율적인 암호화를 선호하는 임베디드 디바이스에 특히 중요하다. 앞에 언급한 바와 같이, RSA가 더 널리 인터넷에서 접수하고 쉽게 가장 요구사항과 일치 공급자를 선택하는 여러 인증 공급자를 가지고 있다.

시스템의 이점들을 모두 유지하려면, VTN들은 잘 알려진 인증기관에서 ECC와 RSA 인증서 두 개 각각을 모두 지원한다. 이는 최종적인 시스템 디자인에 있어서 두 개 이상의 여러 개의 사업자가 존재할 수는 있으나, 적어도 1개 이상의 ECC나 RAS 인증서 제공이 포함되어 있음을 의미한다. VEN들은 장치에 하나이상의 PKI 인증서를 사용하도록 선택할 수 있으며, 유일한 제한은 VEN들이 VTN에 대한 인증서애 승인된 목록에서 최소한 하나의 인증서를 구현해야 한다는 점 정도이다. 이 목록은 사전에 결정하고 공개적으로 사용할 수 있다.

VTN들과 VEN들 사이에 안전한 통신 채널을 설정하려면 VTNs 인증서 유형 및 공급자의 승인된 목록에 있는 모든 인증서를 지원해야 하며, 통신을 개시하면, VEN은 그들 중 하나를 사용하여 선택할 수 있다.

사용되는 인증서의 길이는 ECC가 224 비트 정도의 길이를 가지고 있고, RSA가 2048 비트 정도의 길이를 가지고 있다.

5.2.3.1 Certificate Authorities and Certificate Revocation

제조업체는 상업 공급 업체로부터 CA 인증서를 취득하여야 하며, Open ADR 인증서를 발급하는 인증서를 사용하여야 한다. Open ADR 얼라이언스는 3-5 승인 된 루트 인증서 공급 업체와 계약 관계를 추구하고 제조업체 및 구현에 사용할 목록을 정해야 한다.

Open ADR 2.0제공 인증서 오용은 서버와 클라이언트 사이의 강력한 관계로 인해 일반적으로 존재하지 않을 수 있다. 대신 전역적으로 엑세스 해지 목록의, Open ADR 2.0 VTN은 장치 인증서 등록에 추가 및 등록 취소에 제거하는 화이트리스트 기능을 지원해야 한다.

맺음말

SmartGrid

본 내용은 지난 수십 년 동안 정보통신기술이 발전하면서 기존의 전력망에 정보통신시스템을 융합하여 스마트한 전력망이라는 개념으로 효율적으로 에너지를 관리하고 사용함에 따라 소비자들에게 저렴하게 에너지를 공급할 수 있을 뿐만 아니라 대규모 블랙아웃 등 사회적 에너지 재난 발생에 대한 훌륭한 사전 대비책으로 사용될 수 있는 '스마트그리드'에 대한 내용이었다. 매년 여름 전기 사용량이 많아지는 시기에 전기 에너지 수요에 대한 부하가 정점으로 치닫으면 전력 공급 문제에 심각한 문제를 일으켜 결론적으로 중대한 국가적 손실을 야기할 수 있기 때문에 국가 경쟁력을 위해서라도 더욱 스마트그리드 실현에 대한 노력이 필요하다. 스마트그리드 실현을 통해 창조경제를 실현할 수 있는 최적의 해법을 찾는 것이 주요한 포인트가 되어야 할 것이며, 스마트그리드는 늘어나는 에너지 문제에 해결책이 됨과 동시에 신정부의 창조경제와도 일맥상통하기 때문에 정보통신기술이 우수한 우리나라에서 스마트그리드 실현이 시기적절하다. 우리는 스마트그리드 인프라 구축에 있어 가장 첫 번째 단계라 할 수 있는 AMI와 ESS 시장에 주목하여 빠르게 시장형성을 통해 스마트그리드개발 선진화를 꾀해야하고, 이를 위해서 현재 드러나 있는 문제점을 정확히 인지하여 신속하게 맞춤형 연구개발이 필요할 것이다.

참고문헌

Reference

[1] (재)한국스마트그리드사업단, *2012스마트그리드 연차보고서*, 2012.

[2] 미래 지능형 전력망 - 스마트그리드, *산업융합과 신성장동력 웹진*, 2013.

[3] 지식경제부, *제1차 지능형전력망 기본계획 (제2012-365호)*, 2012.

[4] 스마트그리드 동향 및 업체 분석, *하나금융 산업연구 시리즈 제 18호*, 2010.

[5] 수요반응 서비스산업 동향 및 전망, *전력경제 전력경영리포트 시즌2*, 2012.

[6] I. Foster, C. Kesselman, andS. Tuecke, "The anatomy of the grid:Enabling scalable virtual organizations," *International Journal of High Performance Computing Applications*, vol. 15, no. 3, pp. 200-222, Aug. 2001.

[7] U. Schwiegelshohn and R. Yahyapour, "Attributes for communication between grid scheduling instances," *International Series in Operations Research & Management Science*, vol. 64, pp. 41-52, 2004.

[8] A. Brocco, B. Hirsbrunner, and M. Courant, "A modular middleware for high-level dynamic network management," in *Proceedings of the 1st workshop on Middleware-application interaction: inconjunction with Euro-Sys 2007*, pp. 21–24, 2007.

[9] E. Huedo, R. Montero, and I. Llorente, "The gridway frameworkfor adaptive scheduling and execution on grids," *Scalable Computing: Practice and Experience*, vol. 6, no. 3, pp. 1-8, 2005.

[10] EGEE, *EGEE publications and technical reports*, 2008. [Online]. Available: http://www.eu-egee.org.

[11] F. Pacini and P. Kunzt, "Job description language attributes specification," *EGEE Project*, 2006.

[12] J. Frey, T. Tannenbaum, M. Livny, I. Foster, and S. Tuecke, "Condor-G: A computation management agent for multi institutional grids," *Cluster Computing*, vol. 5, no. 3, pp. 237-246, 2002.

[13] S. Kentaro and S. Hiroyuki, "A resource-oriented grid meta scheduler based on agents," in *Proceedings of the 25th IASTED International Multi Conference: parallel and distributed computing and networks table of contents*, pp. 109-114, 2007.

[14] K. Dostert, *Powerline Communications*, Prentice Hall, 2001.

[15] M. Zimmermann and K. Dostert, "A multipath model for the power line channel," *IEEE Trans. Commun.*, vol. 50, no. 4, pp. 553-559, Apr. 2002.

[16] J. Y. Kim, *Power Line Communication System*, GS Intervision, Korea, 2009.

[17] H. Meng, Y. L. Guan, and S. Chen, "Modeling and analysis of noise effects on broadband power line communications," *IEEE Trans. Power Del.*, vol. 20, no. 2, pp. 630-637, Apr. 2005.

[18] A. Amarsingh, H. A. Latchman, and D. Yang, "Narrowband power line communications: enabling the smart grid," *IEEE Potentials*, vol. 33, no. 1, pp. 16-21, Feb. 2014.

[19] H. Gassara, F. Rouissi, and A. Ghazel, "Statistical characterization of the indoor low-voltage narrowband power line communication channel," *IEEE Trans. Electromagn. Compat.*, vol. 56, no. 1, pp. 123-131, Feb. 2014.

[20] E. Alsusa and K. Rabie, "Dynamic peak based threshold estimation method for mitigating impulsive noise in powerline OFDM systems," *IEEE Trans. Power Del.*, vol. 28, no. 4, pp. 2201-2208, Oct. 2013.

[21] B. Fateh, M. Govindarasu, and V. Ajjarapu, "Wireless network design for transmission line monitoring in smart grid," *IEEE Trans. Smart Grid*, vol. 4, no. 2, pp. 1076-1086, June, 2013.

[22] S. W. Lai and G. G. Messier, "Using the wireless and PLC channels for diversity," *IEEE Trans. Commun.*, vol. 60, no. 12, pp. 3865-3875, Dec. 2012.

[23] A. M. Tonello, F. Versolatto, B. Bejar, and S. Zazo, "A fitting algorithm for random modeling the PLC channel," *IEEE Trans. Power Del.*, vol. 27, no. 3, pp. 1477-1484, July 2012.

[24] J. Proakis, *Digital Communications*, 5th ed. McGraw-Hill, 2008.

[25] "HomePlug AV System Specifications," ver. 1.0.1, Mar. 2007.

[26] "HomePlug AV2 System Specifications," ver. 1.0.0, Jan. 2012.

[27] F. Canete, J. Cortes, L. Diez, and J. Entrambasaguas, "A channel model proposal for indoor power line communications," *IEEE Commun. Mag.*, vol. 49, no. 12, pp. 166-174, Dec. 2011.

[28] M. A. Mannah, C. Batard, N. Ginot, and M. Machmoum, "A plc-based method for data transmission over a pulsewidth-modulated network," *IEEE Trans. Power Del.*, vol. 26, no. 4, pp. 2259-2266, Oct. 2011.

[29] Y. Kim, J. N. Bae, and J. Y. Kim, "Performance of power line communication systems with noise reduction scheme for smart grid applications," *IEEE Trans. Consumer Electron.*, vol. 57, no. 1, pp. 46-52, Feb. 2011.

[30] S. Zhidkov, "Analysis and comparison of several simple impulsive noise mitigation schemes for OFDM receivers," *IEEE Trans. on Commun.*, vol. 56, no. 1, pp. 5-9, Jan. 2008.

[31] A. Tonello, S. D'Alessandro, and L. Lampe, "Cyclic Prefix Design and Allocation in Bit-Loaded OFDM over Power Line Communication Channels," *IEEE Trans. Commun.*, vol. 58, no. 11, pp. 3265-3276, 2010.

[32] H. Hashemi, "The indoor radio propagation channel," in *Proceedings of IEEE*, vol. 81, no. 7, pp. 943-968, 1993.

[33] M. Batariere, K. Baum, and T. Krauss, "Cyclic prefix length analysis for 4G OFDM systems," in *Proceedings of IEEE VTC*, pp. 543-547, 2004.

[34] N. Andreadou and F. N. Pavlidou, "Modeling the noise on the OFDM power-line communications system," *IEEE Trans. Power Del.*, vol. 25, no. 1, pp. 150-157, Jan. 2010.

[35] J. Anatory, N. Theethayi, and R. Thottappillil, "Effects of multipath on OFDM systems for indoor broadband power-line communication networks," *IEEE Trans. Power Del.*, vol. 24, no. 3, pp. 1190-1197, July 2009.

[36] S. W. Peters and R. W. Heath, Jr., "The future of WiMAX: Multihop relaying with IEEE 802.16j," *IEEE Commun. Mag.*, vol. 47, no. 1, pp. 104-111, Jan. 2009.

[37] A. G. Lazaropoulos and P. G. Cottis, "Capacity of overhead medium voltage power line communication channels," *IEEE Trans. Power Del.*, vol. 25, no. 2, pp. 723-733, Apr. 2010.

[38] Y. S. Son, T. Pulkkinen,K. D. Moon, and C. Kim, "Home energymanagement system based on power line communication," *IEEE Trans. Consum. Electron.*, vol. 56, no. 3, pp. 1380-1386, Aug. 2010.

[39] A. N. Netravali and B. G. Haskell, *Digital Pictures*, 2nd ed., New York: Plenum Press, 1995, pp. 613-651.

[40] H. Sun, W. Kwok, and J. Zdepski, "Architectures for MPEG compressed bitstream scaling," *IEEE Trans. Circuits Syst. Video Technol.*, vol. 6, no. 2, pp. 191-199, Apr. 1996.

[41] H.C. Ferreira, H.M. Grove, O. Hooijen, and A. J. H. Vinck, "Power line communications: an overview," in Proc. of 4th IEEE AFRICON, vol. 2, pp. 558-563, Sept. 1996.

[42] H. Hrasnica, A. Haidine, and R. Lehnert, *Broadband Powerline Communications Networks*, England: Wiley, 2004.

[43] M. Zimmermann and K. Dostert, "Analysis and modeling of impulsive noise in broadband powerline communications," *IEEE Trans. Electromagn. Compat.*, vol. 44, no. 1, pp. 249-258, Feb. 2002.

[44] L. K. Rasmussen, T. J. Lim, and A. Johansson, "A matrix-algebraic approach to successive interference cancellation in CDMA," *IEEE Trans. Commun.*, vol. 48, no. 1, pp. 145-151, Jan. 2000.

[45] F. Lin and L. B. Milstein, "Successive interference cancellation in multicarrier DS/CDMA," *IEEE Trans. Commun.*, vol. 48, no. 9, pp. 1530-1540, Sep. 2000.

[46] IEC, "Electric vehicle conductive charging system - Part 1: General requirements," ISO/IEC 61851-1. 2010.

[47] IEC, "Plugs, socket-outlets, vehicle connectors and vehicle inlets - Conductive charging of electric vehicles - Part 1: General requirements," ISO/IEC 62196-1. 2011.

[48] M. Toeltsch and A. F. Molisch, "Equalization of OFDM-systems by interference cancellation techniques," in *Proceedings of IEEE Int. Conf. Commun.*, vol. 6, pp. 1950-1954, June 2001.

[49] T. Hwang and Y. Li, "Iterative cyclic prefix reconstruction for coded single-carrier systems with frequency-domain equalization (SC-FDE)," in *Proceedings of IEEE Vehicular Technology Conference*, vol. 3, pp. 1841-1845, April 2003.

[50] S. S. Raghavan, O. C. Onar, and A. Khaligh, "Power electronic interfaces for future plug-in transportation systems", *IEEE Power Electronics Society Newsletter*, vol. 24, no. 3, pp. 23-26, July 2010.

[51] M. Gotz, M. Rapp, and K. Dostert, "Power line channel characteristics and their effect on communication system design," *IEEE Commun. Mag.*, vol. 42, no. 4, pp. 78-86, 2004.

[52] H. Philipps, "Performance measurements of powerline channels at high frequencies," in *Proceedings of IEEE Int. Symp. on Power Line Commun. and Its Applicat. 1998 (ISPLC'98)*, pp. 229-237, Mar. 1998.

[53] J. Anatory, M. M. Kissaka, and N. H. Mvungi, "Channel model for broadband powerline communication," *IEEE Trans. Power Del.*, vol. 22, no. 1, pp. 135-141, Jan. 2007.

[54] "OpenADR 2.0 profile specification B profile," Jan. 2013.

[55] "Smart Energy Profile 2.0 Application Protocol Specification," July 2012.

저자약력

Profile

김진영 교수

김진영 교수는 서울대학교에서 전자공학 분야 공학사/공학석사/공학박사를 취득한 후 미국 Princeton University에서 무선통신 분야의 연구를 수행하였다. SK 텔레콤 중앙연구원의 책임연구원, 미국 MIT 공대 Visiting Scientist의 경력을 쌓았으며 현재 광운대학교 전자융합공학과 정교수로 재직 중이다. 주 관심분야는 스마트그리드, 차세대 이동통신, 가시광통신, 국방통신 및 각종 IT융합시스템 등이다.

신요안 교수

신요안 교수는 서울대학교에서 전자공학 학사 및 석사학위, University of Texas at Austin에서 전기 및 컴퓨터 공학 박사 학위를 취득하였다. Austin 소재 MCC (Microelectronics & Computer Technology Corp.) 연구콘소시엄에서 연구원으로 근무하였으며, University of British Columbia 방문교수, 정보통신부 UWB 기술기준연구전담반위원장, 국무총리산하 국무조정실 정책평가정보통신부 담당 실무위원, 국방부 정보화책임관 자문위원 등을 역임하였다. 또한 학회 및 학술활동으로서 한국통신학회이동통신연구회 및 부호 및 정보이론연구회위원장, IEEE VTS APWCS 2013 TPC Chair, 제24회 통신정보합동학술대회(JCCI 2014) 학술위원장 등을 역임하였다. 현재 기술표준원 고속전력선 통신표준기술연구회 및 TTA LBS 표준화 그룹의 위원으로 표준화활동에 참여하고 있으며, 한국통신학회상임이사, 대한전자공학회 통신소사이어티이사, IEEE VTS Seoul Chapter 위원장, 한국통신학회 군통신연구회수석부위원장으로 활동 중에 있다. 관심 연구분야는 스마트그리드 무선통신, Cognitive Radio, 단말간직접통신, LBS 등이며, 현재 숭실대학교 정보통신전자공학부 교수로 재직 중이다.

신오순 교수

신오순 교수는 서울대학교 전기공학부에서 공학사, 동 대학원에서 무선통신 분야 석사 및 박사학위를 취득하였다. 박사 취득 후 Harvard 대학교에서 박사 후 연구원, 삼성전자 통신연구소에서 책임연구원으로 재직하였다. 관심 연구분야로는 무선통신 시스템 및 이론, 통신 신호처리, 스마트그리드 통신 등이 있으며, 현재 숭실대학교 정보통신전자공학부 교수로 재직 중이다.

이원철 교수

이원철 교수는 연세대학교에서 전자공학 공학석사, Polytechnic Institute of NYU에서 전자공학 박사학위를 취득하였다. 한국전자통신연구원에서 초빙연구원으로 활동하였으며, 최근 미래창조과학부 TV 화이트스페이스 운영 전담반 위원장을 역임하였고 현재 한국ITU연구위원회 위원, TTA 표준화 기술위원회 특별위원, 한국통신학회 상임이사, 한국전자파학회 CR-SDR연구회 위원장 그리고 한국통신위성 우주산업연구회 부회장으로 활동 중에 있다. 관심 연구분야로는 스마트그리드 통신, 인지무선통신(Cognitive Radio), TV 화이트스페이스, 주파수 공동 사용 및 SDR 등이며, 현재 숭실대학교 정보통신전자공학부 교수로 재직 중이다.

본 연구는 2013년도 산업통상자원부의 재원으로 한국에너지기술평가원(KETEP)의 지원을 받아 수행한 연구과제(No.20134010200570) 입니다

정가 10,000원

스마트그리드 통신

2015년 3월 2일 초판 인쇄
2015년 3월 10일 초판 발행

저 자 : 김진영 · 신요안 · 신오순 · 이원철
발행자 : 우명찬 · 송 준
발행처 : 홍릉과학출판사
주 소 : 서울시 강북구 인수봉로 50길 10
142-885
등 록 : 1976년 10월 21일 제5-66호
전 화 : (02) 999-2274~5, 903-7037
팩 스 : (02) 905-6729
e-mail: hongpub@hongpub.co.kr
http://www.hongpub.co.kr
ISBN: 979-11-5600-307-6